EUL VERLAG

MARKETING

Herausgegeben von Prof. Dr. Heribert Gierl, Augsburg, Prof. Dr. Roland Helm, Regensburg, Prof. Dr. Frank Huber, Mainz, und Prof. Dr. Henrik Sattler, Hamburg

Band 64
Frank Huber, Michael Lenzen und Andreas Daum
Viral Marketing erfolgreich nutzen – Eine empirische Analyse zur Erklärung der Weiterleitungsabsicht für virale Werbespots
Lohmar – Köln 2012 • 172 S. • € 48,- (D) • ISBN 978-3-8441-0199-7

Band 65
Frank Huber, Michael Lenzen, Bianca Schönrock und Katrin Stein
Online-Shopping bei Konsumgütern – Ein empirischer Branchenvergleich zur Erklärung von Kaufabsicht und Aufpreisbereitschaft
Lohmar – Köln 2013 • 148 S. • € 43,- (D) • ISBN 978-3-8441-0222-2

Band 66
Guido Grunwald
Garantien als Marketinginstrument – Wirkungs- und Entscheidungsanalyse
Lohmar – Köln 2013 • 108 S. • € 38,- (D) • ISBN 978-3-8441-0226-0

Band 67
Frank Huber, Michael Lenzen, Sophie Vizethum und Isabelle Weißhaar
Erlebnis-Shopping Concept Stores – Eine empirische Analyse des Einkaufserlebnisses durch Lifestyle und Atmosphäre
Lohmar – Köln 2013 • 144 S. • € 43,- (D) • ISBN 978-3-8441-0231-4

Band 68
Frank Huber, Frederik Meyer und Isabelle Weißhaar
Die Rolle von Markenvertrauen für die Erreichung von Konsumzielen – Eine kausalanalytische Studie am Beispiel von gesunder Ernährung mit Functional Food
Lohmar – Köln 2013 • 164 S. • € 47,- (D) • ISBN 978-3-8441-0256-7

JOSEF EUL VERLAG

Reihe: Marketing · Band 68

Herausgegeben von Prof. Dr. Heribert Gierl, Augsburg, Prof. Dr. Roland Helm, Regensburg, Prof. Dr. Frank Huber, Mainz, und Prof. Dr. Henrik Sattler, Hamburg

Prof. Dr. Frank Huber
Dr. Frederik Meyer
Isabelle Weißhaar

Die Rolle von Markenvertrauen für die Erreichung von Konsumzielen

Eine kausalanalytische Studie am Beispiel von gesunder Ernährung mit Functional Food

EUL VERLAG

Bibliografische Information der Deutschen Nationalbibliothek

Die Deutsche Nationalbibliothek verzeichnet diese Publikation in der Deutschen Nationalbibliografie; detaillierte bibliografische Daten sind im Internet über <http://dnb.d-nb.de> abrufbar.

ISBN 978-3-8441-0256-7
1. Auflage Juni 2013

JOSEF EUL VERLAG GmbH
Brandsberg 6
53797 Lohmar
Tel.: 0 22 05 / 90 10 6-6
Fax: 0 22 05 / 90 10 6-88
E-Mail: info@eul-verlag.de
http://www.eul-verlag.de

Bei der Herstellung unserer Bücher möchten wir die Umwelt schonen. Dieses Buch ist daher auf säurefreiem, 100% chlorfrei gebleichtem, alterungsbeständigem Papier nach DIN 6738 gedruckt.

Vorwort

Viele Veränderungen im individuellen Alltag von Konsumenten, wie gestiegene Mobilität oder Freizeit- und Konsummöglichkeiten, aber auch strukturelle Veränderungen wie die alternde Bevölkerung bewirken neue Lebens- und Konsumstile. Dabei wird für viele Konsumenten die Orientierung an Gesundheit und Wohlbefinden immer wichtiger, so dass sich der gesellschaftliche Wandel deutlich in deren Ernährungsverhalten widerspiegelt. Die Lebensmittelbranche hat darauf reagiert, indem sie in zunehmendem Maße Functional Food-Produkte anbietet. Diese Produkte versprechen einen zusätzlichen gesundheitsfördernden Nutzen, wobei dem Verbraucher gerade im Ernährungsbereich häufig das nötige Fachwissen fehlt, um die Versprechen von Functional Food-Produkten vor oder nach dem Kauf zu überprüfen. Der Verbraucher trifft folglich bei jedem Kauf solcher Produkte eine Entscheidung unter Unsicherheit in einem für ihn sehr sensiblen Bereich: Die Erfüllung persönlicher Ziele, wie ein gesunder Lebensstil, mit Hilfe entsprechender Produkte. Hier spielt das Vertrauen in eine Marke eine wichtige Rolle, um den Verbraucher bei seiner Kaufentscheidung zu entlasten. Die Marke gibt dem Konsumenten Sicherheit bezüglich der Verwirklichung seiner gesundheitsorientierten Ziele beim Lebensmittelkonsum.

Das vorliegende Buch rückt folglich das Markenvertrauen in den Mittelpunkt der Betrachtung. In dem postulierten Wirkungsgefüge fungiert es als verbindendes Element zwischen möglichen Stellhebeln für das Marketing-Management zur Förderung von Vertrauen und dem Verhalten von Verbrauchern zum Erreichen ihrer Konsumziele. Die Überprüfung des Modells mittels einer empirischen Studie wird auch unter Berücksichtigung der Heterogenität von Konsumenten bezüglich ihrer Vorstellungen über gesunde Ernährung durchgeführt. Zu diesem Zweck werden bei der Analyse unterschiedliche Motive bei der Auswahl von Lebensmitteln berücksichtigt. Auf dieser Basis gibt das vorliegende Buch Einblicke über die Vielschichtigkeit und die Besonderheiten des Markenvertrauens und dessen Wirkungsweise im zielorientierten Konsumkontext am Beispiel von Functional Food-Produkten.

Mainz, im Mai 2013

Frank Huber
Frederik Meyer
Isabelle Weißhaar

Inhaltsverzeichnis

Abbildungsverzeichnis

Tabellenverzeichnis

Abkürzungsverzeichnis

AMOS	Analysis of Moment Structures
B2B	Business to Business
d. h.	das heißt
DEV	durchschnittlich erfasste Varianz
e.V.	eingetragener Verein
E-Commerce	Electronic Commerce
EQS	Equations Based Structural Program
et al.	et alii
f.	folgende
ff.	fortfolgende
GfK	Gesellschaft für Konsumforschung
ggü.	gegenüber
H	Hypothese
HAPA	Health Action Process Aproach
Hrsg.	Herausgeber
LISREL	Linear Structural Relationship
Mio.	Millionen
No.	Number
Nr.	Nummer
PBC	Perceived Behavioral Control
PCB	Perceived Control over Behavior
PLS	Partial Least Squares
S.	Seite
SPSS	Superior Performing Software Systems
Univ.-Prof.	Universitäts-Professor
usw.	und so weiter
vgl.	vergleiche
Vol.	Volume
z. B.	zum Beispiel

1 Zur Relevanz von Markenvertrauen für die Erreichung von Konsumzielen

Jeder Mensch hat Ziele oder Wünsche verinnerlicht, die er als erstrebenswert erachtet. Durch das Setzen von Zielen und den damit verbundenen Erwartungen für die Zukunft, steuert er folglich sein gegenwärtiges Verhalten. Ziele sind dabei vielfältig und beziehen sich auf Teile des privaten oder beruflichen Lebens sowie auf den Bereich des Konsums. Der Kauf von bestimmten Marken oder Produkten dient damit der Erfüllung von gesetzten persönlichen Zielen, z. B. der Kauf von qualitativ hochwerten Sportschuhen unterstützt den Konsument bei der Erreichung körperlicher Fitness und Selbstachtung.[1] Strukturelle Veränderungen in der Gesellschaft, wie demographischer Wandel oder Veränderungen des Wohlstandsniveaus,[2] stellen Treiber für sich wandelnde Werte dar und rufen somit neue Ziele bei den Mitgliedern der Gesellschaft hervor. Solche Veränderungen in der Makrostruktur resultieren wiederum in neuen Lebens- oder Konsumstilen, die neue Herausforderungen, aber auch Chancen für das Marketing darstellen.

Eine *Nestlé* Studie *(2009)* identifiziert die Orientierung an Gesundheit und den damit verbundenen Wunsch nach gesunder Ernährung als „Megatrend".[3] Unternehmen aus der Lebensmittelbranche bieten dementsprechend zunehmend Produkte mit einem gesundheitlichen Zusatznutzen an, so genanntes Functional Food. Diese Produkte stellen für die Verbraucher einen potentiellen Beitrag für ihre gesunde Ernährung dar, der ebenso einfach wie effizient sein kann. Das Marktforschungsinstitut *Datamonitor (2008)* konstatiert für den Functional Food Markt zwar positive Wachstumsraten, gleichzeitig ist dieser Markt aber durch ein abnehmendes Vertrauen der Verbraucher gekennzeichnet.[4] Der Konsument ist nicht in der Lage, die versprochenen positiven Effekte des Herstellers auf die Gesundheit zu überprüfen. Gründe dafür sind der Mangel an nötigem Fachwissen oder die aufwendige Suche nach Informationen. Er trifft damit eine Konsumentscheidung unter Unsicherheit und unvollständiger Information. Für die Hersteller im Lebensmittelbereich ist es deshalb essentiell, wachsender Skepsis und dem Verfall von Vertrauen entgegenzuwirken. Die grundsätzliche Relevanz des Vertrauens spiegelt sich auch in der wachsenden Anzahl internationaler Publikationen wider.[5]

[1] Vgl. Kroeber-Riel/Weinberg (2003), S. 147.
[2] Vgl. Statistisches Bundesamt Deutschland (2009); Nestlé Deutschland (2009), S. 1.
[3] Nestlé Deutschland (2009), S. 5.
[4] Vgl. Datamonitor (2008), S. 10.

Dem Aufbau einer starken Marke kommt diesbezüglich eine besondere Stellung zu. Eine Umfrage aus Großbritannien belegt, dass Verbraucher einigen bekannten Marken mehr vertrauen als der Kirche oder der Polizei.[6] Diese etwas zugespitzt formulierte Aussage verdeutlicht, welche enorme Anziehungskraft von starken Marken ausgeht, da sie das empfundene Risiko eines Verbrauchers bei der Kaufentscheidung reduzieren und durch ihre Bekanntheit und Kompetenz ein Gefühl von Sicherheit fördern.[7] Das Ziel dieser Studie besteht konsequenterweise darin, ein theoretisch fundiertes Verständnis über das Vertrauenskonzept im ökonomischen Kontext zu gewinnen. Zu diesem Zweck wird ein Modell hergeleitet, welches das Markenvertrauen in den Mittelpunkt der Betrachtung rückt. Zum einen wird der Einfluss von Vertrauen auf das Zielstreben der Konsumenten geprüft. Zum anderen gilt es, wirksame Stellhebel für das Marketing-Management zum Aufbau von Vertrauen in die Marke zu identifizieren. Das postulierte Modell erfährt eine empirische Überprüfung am Beispiel einer Marke aus dem Functional Food Bereich

Kapitel zwei dieses Buches widmet sich den theoretischen Grundlagen zur zentralen Relevanz von Markenvertrauen bei der zielgerichteten Produktauswahl. Auf Basis zielorientierter Verhaltensforschung und Elementen der sozial-kognitiven Theorie werden definitorische und theoretische Grundlagen zur Konzeptualisierung der Zielorientierung dargelegt. Das Kapitel schließt mit einer detaillierten theoretischen Betrachtung von Markenvertrauen und gibt einen Überblick über die relevante Forschung auf diesem Gebiet. In Kapitel drei werden diese theoretischen Erkenntnisse in ein Kausalmodell übertragen. Im Zentrum des Interesses stehen das Markenvertrauen und dessen Auswirkungen auf die identifizierten theoretischen Konstrukte zur Zielorientierung. Die Kaufabsicht, als ökonomische Größe, stellt das Zielkonstrukt des Modells dar. Die empirische Überprüfung des Modells erfolgt in Kapitel vier. Nach der Auswahl eines geeigneten Schätzverfahrens wird der Untersuchungsgegenstand der Studie eingeführt. Danach folgt die ausführliche empirische Überprüfung des Kausalmodells. Nach einer deskriptiven Auswertung der Daten erfolgt die ausführliche Interpretation der empirischen Befunde. Das Kapitel endet mit konkreten Handlungsempfehlungen für die Praxis. Darüber hinaus wird der weitere Forschungsbedarf abgeleitet. Das Buch schließt mit einer Zusammenfassung der wichtigsten Ergebnisse.

---

[6] Vgl. Pringle/Gordon (2002), S. 147.
[7] Vgl. Burmann/Meffert/Koers (2005), S. 11 f.

2 Begriffsdefinitionen und theoretische Grundlagen zu Markenvertrauen und der Erreichung von Konsumzielen

2.1 Theoretische Grundlagen zielgerichteten Konsumverhaltens

2.1.1 Einleitende Hintergründe zu einer zielgerichteten Produktauswahl

Ein Großteil des Konsumentenverhaltens kann als zielgerichtet bezeichnet werden, da Ziele bei zahlreichen kaufrelevanten Entscheidungen wichtige Treiber darstellen. So kann z. B. der Beitritt in einen Fitnessclub als Mittel gesehen werden, das Ziel einer schlanken Figur zu erreichen.[8] Verbraucher können durch den Konsum eines Produktes gewünschte Ergebnisse erzielen.[9] Die Bedeutung von Zielen bei der Kaufentscheidung wird noch nicht lange und umfassend in der Literatur untersucht.[10] So scheint es jedoch für jeden Nicht-Wissenschaftler selbstverständlich, dass Verhalten durch Ziele und Wünsche determiniert wird. *Pieters* und *Baumgartner (2008)* schreiben hierzu, „Arguing that consumer behavior is goal-directed seems like arguing that water is wet".[11] Das vorliegende Buch evaluiert vor diesem Hintergrund die zentrale Rolle von Markenvertrauen bei der zielgerichteten Kaufentscheidung, um so einen Beitrag für die wissenschaftliche Ausarbeitung des Konstruktes zu leisten. Dazu ist es notwendig, ein klares Verständnis über zielgerichtetes Verhalten und die darauf folgende Kaufentscheidung herzuleiten. Zunächst erfolgt eine Einordnung der Betrachtung im Kaufentscheidungsprozess, um in den nachfolgenden Unterkapiteln für diese Studie relevante theoretische Grundlagen zu erläutern.

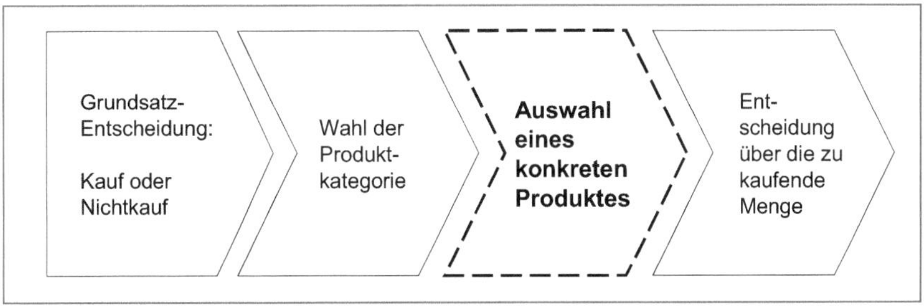

Abbildung 1: Stufen der Kaufentscheidung[12]

[8] Vgl. Bagozzi/Dholakia (1999), S. 19.
[9] Vgl. Bagozzi/Dholakia (1999), S. 19.
[10] Vgl. Bagozzi/Dholakia (1999), S. 19.
[11] Baumgartner/Pieters (2008), S. 367.
[12] In Anlehnung an Homburg/Krohmer (2006), S. 103.

Die Kaufentscheidung eines Konsumenten kann wie in *Abbildung 1* in mehrere Stufen gegliedert werden.[13] Zuerst erfolgt eine Grundsatzentscheidung über Kauf oder Nichtkauf, d. h. ob sich der Konsument für oder gegen einen Kauf entscheidet. Im Anschluss wird eine Produktkategorie für den Kauf ausgewählt, gefolgt von einer Auswahlentscheidung über ein konkretes Produkt, respektive eine bestimmte Marke. Abschließend wird der Konsument über die zu kaufende Menge des ausgewählten Produktes entscheiden sowie wann und wo er kaufen wird.[14] Innerhalb dieser Phasen ist für diese Studie die Entscheidung über die Produkt- oder Markenwahl von Relevanz, womit dieser Fokus mit dem bisherigen Interessenschwerpunkt der Konsumentenforschung übereinstimmt.[15] Die Studie fokussiert hierbei auf Auswahlentscheidungen, die vor dem Hintergrund einer bewussten Zielsetzung erfolgen. *Kroeber-Riel* und *Weinberg (2003)* begreifen Ziele im Kontext von aktivierenden Prozessen, insbesondere der Motivation eines Individuums. Sie betonen, dass eine Motivation, als Ursache des Verhaltens, aus zwei Antriebskräften besteht. Sie unterscheiden grundlegende Antriebskräfte wie Triebe oder Emotionen und kognitive Antriebskräfte wie vorhandene Zielorientierungen.[16] So schreiben die Autoren, dass die Existenz von Emotionen und Trieben nicht ausreicht, um das Verhalten des Konsumenten auf spezielle Ziele, wie den Kauf eines Produktes, auszurichten.[17] Verhalten kann somit auch unbewusst erfolgen.[18] Es interessieren an dieser Stelle aber vor allem bewusste Prozesse, die durch Marketing-Aktivitäten beeinflusst werden können. Die kognitive Motivationskomponente beinhaltet die Wahrnehmung und Interpretation von Handlungen, insbesondere Evaluationen über Zweck-Mittel Beziehungen. Folglich wird Motivation als das bewusste Verfolgen von Zielen und damit als aktive Zielorientierung verstanden.[19]

2.1.2 Zieldefinition, Zieleigenschaften und Zielstrukturen

Pervin (1989) definiert ein Ziel als „a mental image or other end point representation associated with affect toward which action may be directed“.[20] Etwas allgemeiner schreiben *Locke* und *Latham (2002)*, “A goal is the aim or end of an action”.[21] Anhand dieser Begriffs-

[13] Vgl. Homburg/Krohmer (2006), S. 103.
[14] Vgl. Meffert/Burmann/Kirchgeorg (2008), S. 100.
[15] Vgl. Homburg/Krohmer (2006), S. 103.
[16] Vgl. Kroeber-Riel/Weinberg (2003), S. 142.
[17] Vgl. Kroeber-Riel/Weinberg (2003), S. 142.
[18] Vgl. Bagozzi/Dholakia (1999), S. 21.
[19] Vgl. Kroeber-Riel/Weinberg (2003), S. 143.
[20] Pervin (1989), S. 474.
[21] Locke/Latham (2002), S. 705.

bestimmungen wird deutlich, dass Ziele verhaltenssteuernd wirken und somit motivationale Funktionen innehaben. Sie wirken zum einen auf die Richtung des Verhaltens, indem sie Aufmerksamkeit und Anstrengungen der Individuen auf zielrelevante Aktivitäten lenken.[22] Zum anderen beeinflussen sie die Intensität des zielrelevanten Verhaltens. In Abhängigkeit der Begehrtheit des Zieles determinieren sie wie stark und wie lange eine Person eine bestimmte Zielerreichungsstrategie verfolgt.[23] Ziele unterscheiden sich somit von anderen motivationalen Konzepten, wie beispielsweise Werten oder Überzeugungen, da sie enger mit Handlungsabsichten oder Plänen verknüpft sind.[24] Ziele werden durch verschiedene Eigenschaften charakterisiert, die im Folgenden näher beleuchtet werden, um ein umfassendes Verständnis des theoretischen Konzeptes für die vorliegende Studie herzuleiten. *Baumgartner* und *Pieters (2008)* unterscheiden folgende Eigenschaften von Zielen: Zielinhalt, -begehrtheit, -wichtigkeit und -erreichbarkeit.[25]

Zielinhalte bringen zukünftige, angestrebte Handlungsergebnisse des Konsumenten zum Ausdruck. Allgemein unterscheidet die Literatur zwischen Zielen, die das Ausführen (approach-oriented) oder Vermeiden (avoidance-oriented) von Verhaltensweisen verkörpern.[26] Die Begehrtheit eines Zieles stellt eine zentrale Dimension zur Motivation dar. Sie spiegelt den Wert der Zielerreichung für den Konsumenten wider,[27] unabhängig davon, ob das zugrunde liegende Ziel vermieden oder angestrebt wird. Auch das Ziel einer Vermeidung, beispielsweise das Aufhören mit dem Rauchen, kann als erstrebenswert gewertet werden.[28] In Abhängigkeit von dem erwarteten Wert einer Zielerfüllung, so z. B. positive oder negative Konsequenzen, die mit der Zielerreichung einhergehen, ergibt sich die Begehrtheit eines Ziels.[29] Eine wichtige Determinante in diesem Zusammenhang sind Emotionen oder affektive Zustände, die mit dem Ziel verbunden werden,[30] da diese das Begehren des Zieles durch das Individuum zum Ausdruck bringen. Innerhalb von Erwartungswerttheorien wird oft mittels der Konstrukte Wert, Nutzen oder Valenz versucht, die Begehrtheit zu erfassen. Verwandt mit dem Konzept der Begehrtheit von Zielen ist deren Wichtigkeit für die Person. Wichtigkeit

[22] Vgl. Pieters/Baumgartner/Allen (1995), S. 228; Locke/Latham (2002), S. 705.
[23] Vgl. Pieters/Baumgartner/Allen (1995), S. 228.
[24] Vgl. Pervin (1989), S. 474.
[25] Vgl. Baumgartner/Pieters (2008), S. 368.
[26] Vgl. Baumgartner/Pieters (2008), S. 368.
[27] Vgl. Gollwitzer (1996), S. 289.
[28] Vgl. Baumgartner/Pieters (2008), S. 369.
[29] Vgl. Gollwitzer (1996), S. 289.
[30] Vgl. Baumgartner/Pieters (2008), S. 369.

kann als die persönliche Relevanz, die ein Konsument einem Ziel beimisst, interpretiert werden. Oftmals wird die Wichtigkeit eines Zieles mit Hilfe des eng verbundenen Konzepts des Commitment, aber auch mit Hilfe des Involvement Konstruktes evaluiert.[31] Insbesondere, wenn Ziele schwer zu erreichen sind, spielt die Wichtigkeit und die damit verbundene Bindung an das Ziel eine große Rolle. Das Verfolgen von schwer erreichbaren Zielen verlangt Menschen viel ab und erfordert Opfer, die für die Zielerreichung erbracht werden müssen. Solche Ziele sollten deshalb von entsprechender Wichtigkeit für den Konsumenten sein.[32] Angestrebte Ziele können weiterhin durch ihre Erreichbarkeit charakterisiert werden. Diese dient als Maßstab für das Abwägen von Erfolgs- sowie Misserfolgswahrscheinlichkeiten. Fragestellungen in Bezug auf notwendige Mittel, verfügbare Zeit oder benötigte Fähigkeiten sind bei diesem Prozess relevant.[33] Theoretische Konstrukte in Zusammenhang mit der Erreichbarkeit von Zielen sind Erwartungen, Erfolgswahrscheinlichkeiten, Selbstvertrauen, Kontrollüberzeugungen sowie Selbstwirksamkeit.[34]

Neben Eigenschaften lassen sich Ziele durch Zielstrukturen charakterisieren. Menschen steuern ihr eigenes Verhalten über selbst gewählte Ziele und sie lenken das Setzen von Prioritäten sowie die Wahl zwischen verfügbaren Handlungsmöglichkeiten.[35] Individuen halten zudem an mehreren Zielen fest, die jedoch nicht alle gleichzeitig verfolgt werden können. Vielmehr werden diese in einem Zielsystem organisiert.[36] Dieses System kann durch horizontale und vertikale Beziehungen beschrieben werden. Die horizontale Dimension reflektiert basierend auf dem Zielinhalt den Grad an Ähnlichkeit zwischen Zielen. Ähnliche Ziele greifen zurück auf gemeinsame übergeordnete Ziele und teilen untergeordnete Mittel zu ihrer Erreichung.[37] Demgegenüber bringen hierarchische Zielbeziehungen vertikale Anordnungen von Zielen zum Ausdruck. Je höher ein Ziel in der Hierarchie positioniert ist, desto stärker der Abstraktionsgrad. Tiefer gelagerte, konkrete Ziele, stellen greifbare Mittel zur Erreichung der höher gelagerten Ziele dar. Zielhierarchien begreifen abstrakte Ziele als höhere motivationale Anliegen oder Wünsche eines Individuums, die dessen Identität darstellen. Konkrete Ziele verkörpern vielmehr Handlungsanweisungen, die Wege zur Ziel-

[31] Vgl. Baumgartner/Pieters (2008), S. 369.
[32] Vgl. Locke/Latham (2002), S. 707.
[33] Vgl. Gollwitzer (1996), S. 289.
[34] Vgl. Baumgartner/Pieters (2008), S. 369.
[35] Vgl. Pervin/Cervone/John (2005), S. 533.
[36] Vgl. Kleinbeck (2006), S. 257.
[37] Vgl. Baumgartner/Pieters (2008), S. 370.

erreichung aufzeigen. Neben einer hierarchischen Konzeptualisierung existieren auch Vorschläge zu einer Anordnung von Zielen in Netzwerken oder anhand einer Baumstruktur, jedoch dominiert in der psychologischen Literatur eine hierarchische Konzeptualisierung von Zielstrukturen.[38] Eine solche Form der Zielanordnung geht in der Regel von einem oder einigen wenigen übergeordneten Zielen aus, die einem Individuum Orientierung im Leben verleihen.[39] Auf den darunter liegenden hierarchischen Ebenen sind Ziele kleinerer Ordnung angesiedelt, die wiederum durch Unterziele weiter spezifiziert werden. Ziele auf dieser Ebene sind meist weniger abstrakt und mehr ergebnisorientiert, so z. B. das Erlangen eines Doktorgrades.[40] Die Autoren *Baumgartner* und *Pieters (2008)* schlagen folgende hierarchische Gliederung von Zielen vor. Sie unterscheiden drei Ebenen von zielorientiertem Verhalten: operation level, basic level und motivation level wie in *Abbildung 2* graphisch dargestellt.

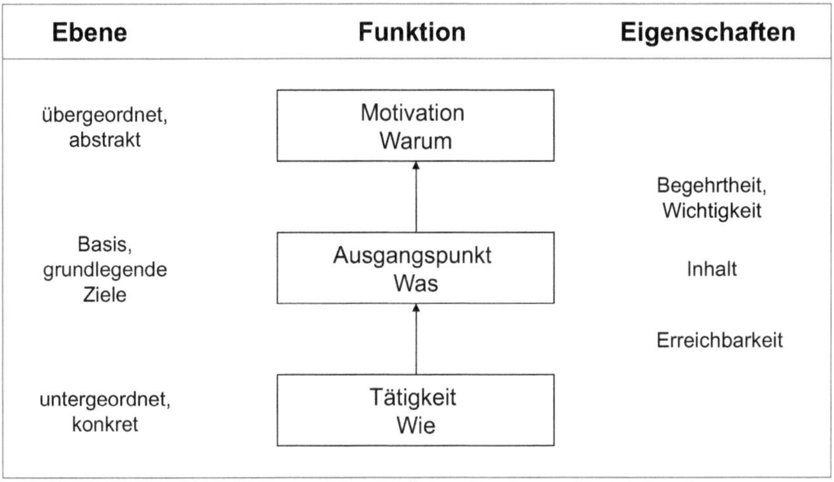

Abbildung 2: Zielhierarchien und Zieleigenschaften[41]

Die Ebene, auf der spezifiziert wird welches Ziel aktuell von der Person verfolgt wird, stellt den Ausgangspunkt der zielorientierten Betrachtung des Verhaltens dar. Diese Ebene wird als Basis-Stufe oder Ausgangspunkt bezeichnet (basic level).[42] Auf dieser Basis-Stufe wird die

[38] Vgl. Austin/Vancouver (1996), S. 341.
[39] Vgl. Austin/Vancouver (1996), S. 341.
[40] Vgl. Austin/Vancouver (1996), S. 341.
[41] In Anlehnung an Baumgartner/Pieters (2008), S. 371.
[42] Vgl. Baumgartner/Pieters (2008), S. 371.

Frage nach dem *Was* beantwortet. Als Beispiel nennen die Autoren die Reduktion des Körpergewichts. Ausgehend von diesem Punkt wird das Individuum nun Mittel und Wege suchen, um das gesetzte Ziel zu erreichen. Hierzu sind wiederum Unterziele oder konkretere Ziele notwendig, die den Konsumenten bei der Beantwortung der Frage *wie* etwas umgesetzt werden kann leiten. Die Koordination erfolgt hierbei durch das übergeordnete Ziel auf der Basis-Stufe. Diese Ebene wird als Tätigkeitsstufe (operation level) bezeichnet. Sie kann durch mehrere Tätigkeitsstufen gekennzeichnet sein, die ihrerseits wieder Prozesse der Zielsetzung und Zielerreichung beinhalten.[43] Somit entsteht, je nach Bezugspunkt, ein vielschichtiges Zielsystem. Bezogen auf das Beispiel des Gewichtsverlusts bedeutet dies, dass Konsumenten eine Diät einhalten oder sich körperlich betätigen können, um ihr Ziel der Gewichtsreduktion zu erreichen. Diese Tätigkeiten erfordern ebenso Entscheidungen über die Art und Weise wie die Diät ausgestaltet werden soll bzw. welche Art von Sport zielführend ist. Nachdem eine Antwort auf das *Wie* der Zielerreichung gegeben ist, bleibt die Frage nach dem *Warum* noch unbeantwortet. Hierzu ist es zweckdienlich, sich in den Abstraktionsebenen einige Stufen höher zu bewegen. Ziele über dem Ausgangspunkt der zielorientierten Betrachtung, den Basis-Zielen, werden als abstrakt oder übergeordnet bezeichnet (motivation-level). Sie liefern die Motivation für das Verfolgen von untergeordneten Zielen.[44] Auch hier soll zur Verdeutlichung das Beispiel des Gewichtsverlustes dienen. Menschen möchten ihr Gewicht reduzieren, um gesund zu bleiben, sich selbst gut zu fühlen, oder um attraktiv für andere zu erscheinen. Um den Prozess des zielorientierten Verhaltens ganzheitlich betrachten und verstehen zu können, ist somit die Frage nach dem *Warum* essentiell. Übergeordnete Ziele geben untergeordneten Zielen Bedeutung für den Konsumenten.[45] In *Abbildung 2* ist die hierarchische Struktur mit den drei Ebenen zielorientierten Verhaltens dargestellt. Aus dieser *Abbildung* wird weiterhin ersichtlich, an welcher Stelle Zieleigenschaften eine besondere Rolle spielen. Die Verbindung von konkreten Zielen und Basis-Zielen wird durch deren Erreichbarkeit determiniert. Die Begehrtheit und Wichtigkeit von Basis-Zielen ergibt sich wiederum durch abstrakte Ziele. Ziele auf den unteren Hierarchieebenen fungieren als Mittel, um höher angesiedelte Ziele erreichen zu können.[46]

[43] Vgl. Baumgartner/Pieters (2008), S. 371 f.
[44] Vgl. Baumgartner/Pieters (2008), S. 372.
[45] Vgl. Baumgartner/Pieters (2008), S. 372.
[46] Vgl. Pieters/Baumgartner/Allen (1995), S. 228.

2.1.3 Das Rubikon-Modell der Handlungsphasen

Ein umfassendes Rahmenwerk zur Erklärung zielgerichteten Verhaltens liefert das Rubikon-Modell der Handlungsphasen (Model of Action Phases).[47] Handlungen werden in dem Modell als „[...]Aktivitäten, denen eine Zielvorstellung zugrunde liegt“ verstanden.[48] Das Modell basiert auf der Unterteilung in motivationale Phasen der Zielsetzung, -auswahl sowie -bewertung und volitionale Phasen des Strebens nach Zielerreichung.[49] Der Handlungsverlauf wird in vier aufeinander folgende Phasen und in diskrete Übergänge zwischen den Phasen gegliedert.[50] Das Rubikon-Modell der Handlungsphasen ist in nachstehender *Abbildung 3* zusammenfassend dargestellt.

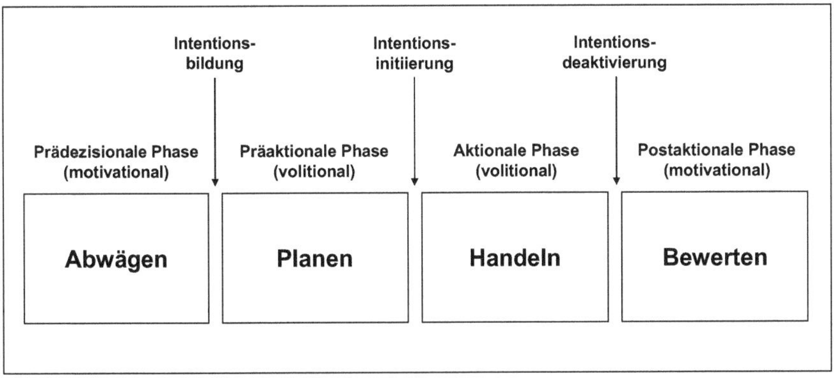

Abbildung 3: Rubikon-Modell der Handlungsphasen[51]

Die erste Phase beschreibt prädezisionale Handlungen. Personen werden in dieser Phase verschiedene Wünsche und Ziele abwägen und schließlich Präferenzen und Prioritäten bilden.[52] Jedoch besitzen Menschen meist mehr Wünsche und Anliegen als letztlich realisiert werden können, sodass sie gezwungen sind aus diesen zu selektieren.[53] Die Zieleigenschaften der Erreichbarkeit und Begehrtheit determinieren diese Selektion. Das Individuum bestimmt die Auswahl von Zielen somit durch die Realisierungschancen und die positiven sowie negativen antizipierten Folgen einer Handlung wie beispielsweise Wertschätzung durch

[47] Vgl. Bagozzi/Edwards (1998), S. 593. Das Modell geht zurück auf *Heckhausen* und *Gollwitzer*.
[48] Achtziger/Gollwitzer (2006), S. 277.
[49] Vgl. Gollwitzer (1996), S. 288 f.
[50] Gollwitzer spricht auch von „Tasks“. Im Folgenden wird immer von Phasen des Modells gesprochen.
[51] In Anlehnung an Achtziger/Gollwitzer (2006), S. 278.
[52] Vgl. Gollwitzer (1996), S. 289.
[53] Vgl. Achtziger/Gollwitzer (2006), S. 279.

andere oder Selbstzufriedenheit.[54] Die prädezisionale Phase mündet in der Bildung einer Zielintention bzw. -absicht.[55] Das Ergebnis dieser Phase ist die Entscheidung, ein bestimmtes Ziel zu verfolgen. Diese Intentionsbildung stellt die Transition zu der präaktionalen Phase dar.[56] Diese zweite Handlungsphase wird als volitional beschrieben, da Ziele bereits geformt sind und nun die Zielerreichung und deren Planung im Vordergrund stehen. Innerhalb dieser Phase wird das Wann, Wo und Wie der Handlung geplant.[57] Eine wichtige Rolle hierbei spielt die Auswahl von geeigneten Mitteln zur Zielerreichung.[58] Diese Phase endet wiederum mit einer Intentionsinitiierung, die als Transition zur dritten, so genannten aktionalen, Phase gesehen werden kann. In dieser Phase geht es um die Implementierung der Intentionen, d. h. es werden Verhaltensweisen zur Zielerreichung ausgeführt.[59] Auch diese Phase wird als volitional bezeichnet und endet mit der Intentionsdeaktivierung. In der letzten Phase des Modells kommt es zur Beurteilung des Handlungsergebnisses. Die Evaluation der Zielerreichung wirft letztlich die Frage auf, ob Ziele beibehalten oder verworfen werden. Somit schließt sich der Kreis zur ersten Phase des Modells. Diese Phase wird ebenso als motivational angesehen, da sie sich mit der Betrachtung von Wünschen und Zielen beschäftigt.[60]

Die vorliegende Studie betrachtet die ersten beiden Phasen innerhalb des Rubikon-Modells, wobei insbesondere die Phase der Zielsetzung näher beleuchtet wird. Somit spielt die motivationale Phase der Zielsetzung mit dem Ergebnis einer Handlungsabsicht eine Rolle, ebenso wie die volitionale, präaktionale Phase. Die Studie richtet ihren Blickwinkel jedoch nicht auf ein Ziel als Bezugsobjekt, sondern versucht eine Betrachtung zweier Zielebenen gemäß den in Kapitel 2.1.3 dargestellten Zielhierarchien. Als Ausgangspunkt der Betrachtung dient das Basis-Ziel, welches die derzeitige Zielsetzung des Konsumenten zum Ausdruck bringen soll und als gegeben betrachtet wird. Die Auswahl einer Marke als Mittel zum Zweck siedelt sich somit eine hierarchische Ebene tiefer an und stellt ein Tätigkeitsziel dar. Auch an dieser Stelle finden wieder Prozesse der Zielbildung mit dem Ergebnis einer Handlungsintention statt. Im Fokus der Betrachtung steht die Bildung einer Intention bezüglich einer zielführenden Handlung vor dem Hintergrund des übergeordneten Basis-Ziels. So erscheint es im marketing-

[54] Vgl. Gollwitzer (1996), S. 289.
[55] Die Begriffe Intention und Absicht werden in dieser Arbeit synonym verwendet.
[56] Vgl. Bagozzi/Edwards (1998), S. 593.
[57] Vgl. Gollwitzer (1996), S. 290.
[58] Vgl. Bagozzi/Dholakia (1999), S. 21.
[59] Vgl. Bagozzi/Edwards (1998), S. 593.
[60] Vgl. Gollwitzer (1996), S. 900.

orientierten Kontext dieser Studie angebracht, zwischen der Zielsetzung und der nachfolgenden Entscheidung über das *Wie* zur Erreichung des Ziels zu unterscheiden.[61] Es soll geprüft werden, inwieweit der Konsument das Produkt als Mittel zum Zweck seiner zugrunde liegenden Zielsetzung erachtet.

2.1.4 Die Bildung einer Zielintention

Gemäß dem Rubikon-Modell der Handlungsphasen spielen sich in der prädezisionalen Phase Prozesse des Abwägens von Wünschen ab, die in der Bildung von verbindlichen Zielen oder Zielintentionen münden.[62] Hierbei werden insbesondere Begehrtheit und Realisierbarkeit einzelner Handlungsoptionen näher beleuchtet. Innerhalb dieser Phase stehen Fragen in Bezug auf Ergebnis-Erwartungen sowie über die Verfügbarkeit von Zeit, Mitteln und Fähigkeiten zur Erreichung des Zieles im Mittelpunkt der Betrachtung.[63] Im Folgenden werden theoretische Hintergründe zur Evaluierung der Begehrtheit und Erreichbarkeit in Form von Ergebnis- und Selbstwirksamkeitserwartungen vorgestellt.

Die Studie bezieht sich vornehmlich auf Elemente der sozial-kognitiven Theorie von *Bandura (1986)*, im Speziellen seine Ausführungen über das Konstrukt der Selbstwirksamkeitserwartungen *(1977, 1997)*.[64] Die Sichtweise von *Bandura* auf den Menschen ist davon geprägt, dass dieser die Fähigkeit besitzt, bewusste Denkprozesse zur Steuerung des eigenen Verhaltens zu nutzen. Innerhalb der sozial-kognitiven Theorie stellen Erwartungen über die Zukunft eine Hauptdeterminante für das gegenwärtige Verhalten dar. Personen antizipieren mögliche Konsequenzen ihres Handelns und setzen sich Ziele. Durch die Fähigkeit, über die Zukunft nachzudenken, ist der Mensch in der Lage, sich zu motivieren und antizipativ zu handeln.[65] Der Fokus auf kognitive Fähigkeiten des Menschen impliziert das Evaluieren zukünftiger Ereignisse und die Entscheidung darüber, welche Ereignisse der Mensch erleben möchte oder welche Vorbereitungen für kommende Herausforderungen getroffen werden.[66]

[61] Vgl. Bagozzi/Dholakia (1999), S. 22.
[62] Vgl. Achtziger/Gollwitzer (2006), S. 279.
[63] Vgl. Achtziger/Gollwitzer (2006), S. 279.
[64] Vgl. Bandura (1977), Bandura (1986), Bandura (1997).
[65] Vgl. Bandura (1989), S. 19.
[66] Vgl. Pervin/Cervone/John (2005), S. 522.

Ergebniserwartungen repräsentieren eine Einschätzung des Individuums über die Wahrscheinlichkeit, dass das gewählte zielgerichtete Verhalten auch zur Zielerreichung führt.[67] Psychologische Theorien über das Konzept der Ergebniserwartung und damit auch des zielgerichteten Verhaltens gehen zurück bis in die 1930er Jahre. Ein erster Vertreter dieses Konzeptes war *Tolman*, der den Begriff *expectancy* einführte und Lernen als das Entstehen von Erwartungen bezüglich von Ergebnissen einer bestimmten Handlung begriff. Nach seiner Ansicht determiniert das gelernte Wissen um Zweck-Mittel Beziehungen das Verhalten.[68] Das Verhalten eines Individuums beinhaltet diesen Überlegungen folgend eine kognitive Komponente. Bis in die 1950er und 1960er Jahre hinein wurde die Erforschung menschlichen Verhaltens jedoch durch den Behaviorismus dominiert.[69] Die Sichtweise des Behaviorismus auf den Menschen ist geprägt von der Argumentation, dass man Verhalten durch die Identifikation von Kräften in der Umwelt erklären kann.[70] Verhalten wird als Reiz-Reaktionsschema modelliert, wobei Prozesse zwischen diesen Komponenten als Black-Box begriffen werden.[71] Der Mensch handelt nicht auf Basis seiner Gedanken oder gemäß seiner Einstellung, seiner Gefühle oder seiner Persönlichkeit, sondern zeigt eine habitualisierte Reaktion auf seine Umwelt.[72] Durch die Einführung der Erwartungskomponente als intervenierende Variable zwischen Reiz und Reaktion kann ein Zugewinn an Erklärungskraft verzeichnet werden sowie die Erkenntnis, dass Verhalten durch eine kognitive Orientierung gesteuert werden kann.[73] Wie bereits erwähnt beschreiben Erwartungen über Handlungsergebnisse die antizipierten möglichen Konsequenzen einer Handlung. *Bandura (1997)* unterscheidet physische, soziale und selbstwertende Ergebniserwartungen. Jede dieser Klassen von Erwartungen kann sowohl positive als auch negative Anreize (incentive, disincentive) induzieren.[74] Physische Erwartungen können angenehme sowie unangenehme körperliche Erfahrungen wie beispielsweise körperliche Erregtheit bzw. Schmerz beinhalten. Neben physischen Ergebniserwartungen erfolgen ebenso Evaluationen im Hinblick auf positive oder negative soziale Konsequenzen des Verhaltens. Soziale Erwartungen können sich in Form von Anerkennung und Zustimmung oder Geringschätzung und Ablehnung manifestieren.[75] Die Zufriedenheit oder der

[67] Vgl. Bagozzi/Edwards (2000), S. 257.
[68] Vgl. Herrmann/Huber/Braunstein (2005), S. 80; Beckmann/Heckhausen (2006), S. 125.
[69] Vgl. Locke/Latham (2002), S. 705.
[70] Vgl. Pervin/Cervone/John (2005), S. 432.
[71] Vgl. Kroeber-Riel/Weinberg (2003), S, 334.
[72] Vgl. Pervin/Cervone/John (2005), S. 456; Beckmann/Heckhausen (2006), S. 126.
[73] Vgl. Kroeber-Riel/Weinberg (2003), S. 334.
[74] Vgl. Bandura (1997), S. 21; Schwarzer (2008), S. 10.
[75] Vgl. Bandura (1977), S. 22.

Selbstwert, die aus dem eigenen Verhalten resultieren, dienen als Regulator für zukünftige Verhaltensweisen.[76] Sie verkörpern selbstwertende Erwartungen. Im Hinblick auf die Konzeptualisierung des Konstruktes ist darauf zu achten, dass keine Überschneidung mit dem Verhalten selbst auftritt. Um dies zu verdeutlichen, sei folgendes Beispiel genannt. Das Ergebnis einer Reduktion des Körpergewichts um mehrere Kilo ist nicht die Menge der verlorenen Kilos. Dies repräsentiert vielmehr eine Beschreibung des Verhaltens.[77] Menschen möchten nicht abnehmen um des Abnehmens willen. Vielmehr steht die Erreichung von gesundheitlichen, sozialen oder selbstbezogenen Ergebnissen im Vordergrund.[78] Kurz gesagt, ein Ergebnis ist die Konsequenz einer Handlung und nicht die Handlung selbst.[79] In welchem Maße jedoch Ergebniserwartungen als motivationale Kraft auf das Verhalten wirken, hängt von dem persönlichen Wert ab, den das Individuum dem Ergebnis beimisst.[80] *Schwarzer (2008)* schreibt insbesondere positiven Ergebniserwartungen eine hohe Bedeutung für die motivationale Phase des Abwägens von Argumenten des Für und Wider zu.[81] Grundsätzlich lässt sich festhalten, dass Konsumenten sich nur für eine Handlungsoption entscheiden werden, wenn sie eine positive Verbindung zwischen der Handlung, den ausgewählten Mitteln und der Zielerreichung sehen.[82]

Neben den Ergebniserwartungen in Bezug auf das angestrebte Ziel, sind ferner Erwartungen im Hinblick auf die Erreichbarkeit eines Zieles von Bedeutung. Die Wahrnehmung des Konsumenten darüber, ob er die Fähigkeiten besitzt, Kontrolle über die gewählten Mittel zur Zielerreichung auszuüben, determiniert die wahrgenommene Erreichbarkeit seines angestrebten Zieles.[83] Jedoch stellen manche Ziele bzw. die Ausübung zielführenden Verhaltens Personen vor Herausforderungen, die zu meistern sind. Vor diesem Hintergrund lohnt die Betrachtung theoretischer Konzepte, die die Kontrolle über das Verhalten konstituieren. Die Theorie des geplanten Verhaltens gilt als eines der bekanntesten theoretischen Rahmenwerke zur Evaluierung menschlichen Verhaltens.[84] Innerhalb dieser Theorie führt *Ajzen (1988)* ein theoretisches Konstrukt zur Erfassung eingeschränkter volitionaler Kontrolle ein. Das Kon-

[76] Vgl. Bandura (1997), S. 22.
[77] Bandura benutzt den Begriff „performance marker".
[78] Vgl. Bandura (1997), S. 23.
[79] Vgl. Bandura (1997), S. 22.
[80] Vgl. Bandura (1997), S. 23.
[81] Vgl. Schwarzer (2008), S. 6.
[82] Vgl. Bagozzi/Dholakia (1999), S. 28.
[83] Vgl. Bagozzi/Edwards (2000), S. 257; Baumgartner/Pieters (2008), S. 369.
[84] Vgl. Ajzen (2002), S. 665.

strukt wurde insbesondere vor dem Hintergrund limitierter Möglichkeiten der Verhaltenskontrolle als Element zur Vorhersage von Verhalten und Verhaltensabsichten integriert. Die erfolgreiche Implementierung einer Verhaltensabsicht hängt zu einem beträchtlichen Teil von nicht-motivationalen Faktoren wie verfügbaren Möglichkeiten und Ressourcen ab.[85] Eine Handlungsabsicht kann besser als Versuch interpretiert werden, ein bestimmtes Verhalten auszuüben. *Ajzen (1988)* bezeichnet die Kontrollüberzeugungen eines Individuums als wahrgenommene Verhaltenskontrolle (Perceived Behavioral Control - PBC), die die empfundene Schwierigkeit bzw. Leichtigkeit bei der Ausübung einer Handlung reflektiert.[86] Darüber hinaus schreibt er, „Perceived behavioral control owes its greatest debt, however, to Bandura's work on self-efficacy."[87] Dieser kann als zentraler Autor bezeichnet werden, wenn es um die Relevanz von Erwartungen hinsichtlich der Fähigkeiten für die Erbringung von Leistungen geht.[88] Selbstwirksamkeit reflektiert Überzeugungen eines Menschen über seine Fähigkeiten, notwendige Verhaltensweisen ausüben zu können, um angestrebte Zustände zu erreichen.[89] Persönlich wahrgenommene Selbstwirksamkeit dient als Prädiktor für Ziele, die Individuen für sich selbst setzen.[90] Eine effektive Leistung benötigt demnach neben den vorhandenen Fähigkeiten auch die Überzeugung, diese Fähigkeiten optimal einsetzen zu können.[91]

Zur Förderung von Selbstwirksamkeit nennt *Bandura (1977)* vier Quellen: eigene positive Erlebnisse, stellvertretende Erfahrungen durch andere, verbale Überzeugung und emotionale Zustände.[92] Als erste Quelle benennt er eigene Erlebnisse. Erfolgreich gemeisterte Aufgaben tragen zum Aufbau von Selbstwirksamkeit bei und wiederholte Fehlversuche verringern sie. Persönliche Erfolge fördern hierbei nicht nur eine positive Herangehensweise an ähnlichen Aufgaben, sondern können sich auf andere Situationen übertragen.[93] Neben eigenen Erfahrungen können auch stellvertretende Erfahrungen als Quelle dienen. Beobachten Personen andere bei der Ausübung schwieriger Aufgaben, tendieren sie dazu, ihre Erwartungen an die eigene Leistungsfähigkeit zu korrigieren. Das Können anderer wird auf die eigene Person

[85] Vgl. Ajzen (1988), S. 127.
[86] Vgl. Ajzen (1988), S. 132.
[87] Vgl. Ajzen (2002), S. 667.
[88] Vgl. Pervin/Cervone/John (2005), S. 527.
[89] Vgl. Bandura (1997), S. 3.
[90] Vgl. Bandura (1997), S. 11.
[91] Vgl. Bandura (1997), S. 37.
[92] Vgl. Bandura (1977), S. 195.
[93] Vgl. Bandura (1977), S. 195.

übertragen.[94] Als dritte Quelle nennt er die verbale Überzeugung durch das Gegenüber. Diese Form der Förderung wird oftmals eingesetzt, da sie einfach und jederzeit verfügbar ist. Menschen sind jedoch häufig skeptisch und nicht immer leicht zu überzeugen.[95] Folglich wird sich die zu überzeugende Person eher von Menschen mit hoher Glaubwürdigkeit sowie einem ausreichenden Expertenwissen für die jeweilige Situation beeinflussen lassen. Der Einfluss der Überzeugung ist demnach so stark wie das Vertrauen in die Quelle der Überzeugung.[96] Die vierte und letzte Quelle von Selbstwirksamkeitserwartungen sind emotionale Zustände, hervorgerufen durch die jeweilige zu lösende Situation. So verlassen sich Menschen zum Teil auf ihr „Bauchgefühl" oder urteilen nach ihrem Gefühl von Angst und Verwundbarkeit.[97] Zielorientiertes Verhalten wird häufig im Kontext von gesundheitlichen Fragestellungen wie z. B. der Reduktion des Körpergewichts oder dem Ausüben von Sport untersucht.[98] Diese Verhaltensweisen stellen oftmals schwierige Ziele für Personen dar und sind somit zur Identifikation einflussreicher Konstrukte geeignet. „Um die Änderung von schwierigen Verhaltensweisen verstehen und erklären zu können, bedarf es theoretischer Vorstellungen, in denen die Einflussgrößen und Wirkmechanismen abgebildet werden".[99]

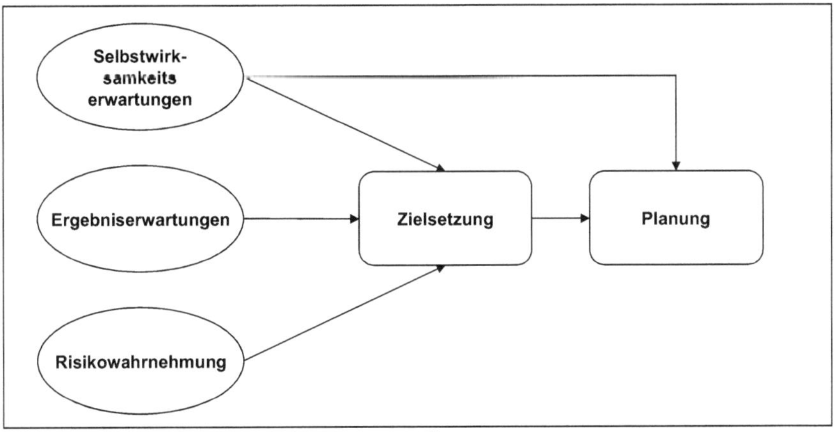

Abbildung 4: Motivationale Phase des HAPA Modells[100]

[94] Vgl. Bandura (1977), S. 197.
[95] Vgl. Bandura (1977), S. 198.
[96] Vgl. Bandura (1986), S. 406.
[97] Vgl. Bandura (1977), S. 198.
[98] Vgl. Bagozzi/Edwards (1998); Bagozzi/Dholakia (1999); Bagozzi/Edwards (2000); Perugini/Bagozzi (2001).
[99] Scholz/Schwarzer (2005), S. 299.
[100] In Anlehnung an Schwarzer (2008), S. 6.

Innerhalb der Gesundheitspsychologie existieren zahlreiche Theorien und Modelle, die die Konstrukte zur Bildung einer Intention, respektive Selbstwirksamkeitserwartungen und Handlungsergebniserwartungen, beinhalten.[101] *Schwarzer (2008)* schlägt ein umfassendes Prozessmodell des Gesundheitsverhaltens vor, das so genannte sozial-kognitive Prozessmodell gesundheitlichen Handelns.[102] Dieses scheint insbesondere für die vorliegende Studie geeignet, da es ebenso wie das Rubikon-Modell zwischen motivationalen und volitionalen Phasen differenziert. Dabei erfolgt eine Unterscheidung in präintentionale und postintentionale Prozesse.[103] Das vorliegende Buch fokussiert, wie bereits erläutert, die Phase der Intentionsbildung. Innerhalb des Prozessmodells nach *Schwarzer (2008)* beeinflussen die Faktoren Risikowahrnehmung, Handlungsergebniserwartungen und Selbstwirksamkeitserwartungen die Bildung einer Zielintention. *Abbildung 4* illustriert die motivationale Phase des Modells. Zielsetzungen werden entsprechend durch die vorgelagerten Konstrukte beeinflusst.

2.2 Das Problem der unvollständigen Information bei der zielorientierten Produktauswahl

Konsumentenverhalten ist oft, wie im vorherigen Kapitel erläutert, zielgerichtet und der Nachfrager möchte entsprechend die Eignung der Produkte zur Zielerreichung evaluieren. Um dies tun zu können, benötigt er Informationen über das Produkt. Lange Zeit wurde in Modellen der neoklassischen Theorie angenommen, dass Informationen kostenlos und sofort verfügbar seien.[104] Diese Annahme hält jedoch der Realität nicht stand, da nicht jeder weiß, welche Produkte und Dienstleistungen verfügbar sind oder zu welchen Preisen diese verkauft werden sowie welche Qualität diese Produkte besitzen. Innerhalb der neuen mikroökonomischen Theorie wurden Ansätze entwickelt, die Aspekte der Unsicherheit und Situationen unvollständiger Informationen integrieren.[105] Aus marketingorientierter Sicht sind insbesondere die Modelle der Informationsökonomie von Interesse, da sie Austauschbeziehungen von Marktteilnehmern mit unvollständigen und asymmetrischen Informationsständen zum Gegenstand haben.[106] Eins der gängigsten Probleme für Konsumenten ist die richtige Produktaus-

[101] Vgl. Scholz/Schwarzer (2005), S. 403.
[102] Health Action Processs Approach (HAPA).
[103] Vgl. Scholz/Schwarzer (2005), S. 401.
[104] Vgl. Richter/Furubotn (1999), S. 9 f.; Erlei/Leschke/Sauerland (2007), S. 47 f.
[105] Vgl. Weiber/Adler (1995), S. 43.
[106] Vgl. Weiber/Adler (1995), S. 52. Weitere Ansätze, die sich mit unterschiedlichen Schwerpunkten dem Thema der unvollständigen Information widmen sind der Property-Rights-Ansatz, Principal-Agent-Modelle sowie die Transaktionskostentheorie.

wahl aus einem großen Angebot von Varianten.[107] Durch einen Informationszuwachs, im Sinne von Informationen über das Produkt, entsteht folglich ein Nutzen für den Konsumenten, da ihm diese bei der Evaluation der Tauglichkeit für seine Ziele helfen. Der Nachfrager wird sich deshalb auf die Suche nach für ihn relevanten Informationen begeben, was allerdings mit Kosten der Informationsbeschaffung verbunden sein wird.

Diese Kosten der Informationsbeschaffung bestehen meist aus der Zeit, die in die Suche investiert wird oder beispielsweise Kosten der Kommunikation mit dem Austauschpartner. Diese Kosten werden als auch als Transaktionskosten bezeichnet.[108] Wie viele Informationen gesucht werden, kann gemäß dem Kosten-Nutzen Prinzip bestimmt werden. Ein Konsument wird so lange nach Informationen suchen, bis die Kosten der Informationsbeschaffung den Nutzen der gewonnen Informationen übersteigen. Wird dieser Punkt überschritten, ist es von Vorteil, weiterhin uninformiert zu bleiben.[109] Eine längere Suche nach Informationen lohnt sich für den Konsumenten bei kostspieligen Produkten mehr als bei preiswerten, da der Nutzenzuwachs durch eine mögliche Ersparnis im Beschaffungspreis bei teuren Produkten größer ist. Darüber hinaus werden Aktivitäten zur Informationsbeschaffung gering ausfallen, je teurer die Informationssuche für den Konsumenten ist.[110] Das Verhältnis zwischen einem Konsumenten und einem Anbieter ist in der Regel durch eine asymmetrische Informationssituation gekennzeichnet, da der Anbieter eines Produktes oder einer Dienstleistung häufig besser über das Produkt informiert ist als der Nachfrager.[111]

Akerlof (1970) hat sich in einer grundlegenden Arbeit dem Problem der asymmetrischen Information und deren Auswirkungen auf die Kaufentscheidungen sowie Preisbereitschaft von Konsumenten, am Beispiel des Markts für Gebrauchtwagen, gewidmet.[112] Die Anbieter im Markt für Gebrauchtwagen kennen die Qualität der von ihnen angebotenen Gebrauchtwagen, wohingegen die Nachfrager defekte Wagen, so genannte Lemons, nicht von einem Wagen mit guter Qualität unterscheiden können. Die Nachfrager werden, basierend auf Ihrer Erfahrung, dass der Markt auch Lemons anbietet, Erwartungen bezüglich der Qualität bilden

[107] Vgl. Frank/Bernanke (2007), S. 376.
[108] Vgl. Richter/Furubotn (1999), S. 45 f.
[109] Vgl. Frank/Bernanke (2007), S. 378.
[110] Vgl. Frank/Bernanke (2007), S. 381.
[111] Vgl. Stiglitz/Walsh (2006), S. 335; Homburg/Krohmer (2006), S. 58; Frank/Bernanke (2007), S. 383.
[112] Vgl. Akerlof (1970).

und versuchen, ihre Preisvorstellungen dementsprechend nach unten anzupassen. Folglich besteht ein hoher Anreiz für Anbieter mit schlechter Qualität, weiter im Markt zu bleiben, da sie trotz Preisanpassungen der Nachfrager einen guten Preis für schlechte Qualität erhalten. Die Anbieter mit guter Qualität werden sich aus dem Markt zurückziehen, da sie einen geringeren Preis erhalten als angemessen. Somit sinkt im Zeitverlauf die durchschnittliche Qualität im Markt und die Preise werden sich weiter nach unten anpassen. Minderwertige Güter verdrängen hochwertige Güter, bedingt durch die hohen Kosten der Informationsbeschaffung. Dieses Phänomen wird adverse Selektion genannt und kann in Marktversagen resultieren.[113] Nicht nur Märkte für Gebrauchtwagen sind durch asymmetrische Information gekennzeichnet. Diese Situation lässt sich auf andere Märkte übertragen, in denen es für den Nachfrager schwer ist, die Qualität der angebotenen Produkte zu beurteilen.[114]

Für den Nachfrager ist die Kaufentscheidung auf solchen Märkten folglich mit einem Risiko der Fehlentscheidung verbunden. Ob das Marken- oder Produktversprechen letztlich vom Anbieter eingehalten wird, kann nicht in jedem Fall vor oder auch nach dem Kauf überprüft werden. Durch die bestehenden Informationsasymmetrien und die damit verbundenen Unsicherheiten auf Seiten der Marktteilnehmer, ergibt sich für das Marketing die Aufgabe, Unsicherheiten und damit einhergehende adverse Selektion zu reduzieren.[115] Vor diesem Hintergrund werden innerhalb der Informationsökonomie Lösungen modelliert, die zum einen auf die Informationsbeschaffung (Screening) und die Informationsübertragung (Signaling) ausgerichtet sind. Screening beschreibt Aktivitäten, die von der schlechter informierten Marktseite ausgehen, wohingegen Signaling Prozesse der Informationsübertragung von der besser informierten Seite zur schlechteren beschreibt.[116] Die Informationsökonomie nimmt hierbei keine explizite Rollenverteilung vor. Vielmehr können die Informationsstände der Marktteilnehmer je nach Betrachtungsgegenstand variieren.[117] Im Folgenden wird zunächst auf das Screening und abschließend auf das Signaling als Möglichkeit zur Reduktion von Unsicherheit auf Seite der Konsumenten eingegangen.

[113] Vgl. Stiglitz/Walsh (2006), S. 334; Varian (2006), S. 695 ff.
[114] Vgl. Stiglitz/Walsh (2006), S. 335.
[115] Vgl. Meffert/Bruhn (2009), S. 55; Kaas (1990), S. 540 f.
[116] Vgl. Meffert/Bruhn (2009), S. 58.
[117] Vgl. Weiber/Adler (1995), S. 52.

Die Suche des Nachfragers nach Informationen kann anhand der Leistungsmerkmale des Angebots systematisiert werden,[118] womit dem Nachfrager verschiedene Möglichkeiten zur Informationsbeschaffung zur Verfügung stehen.[119]

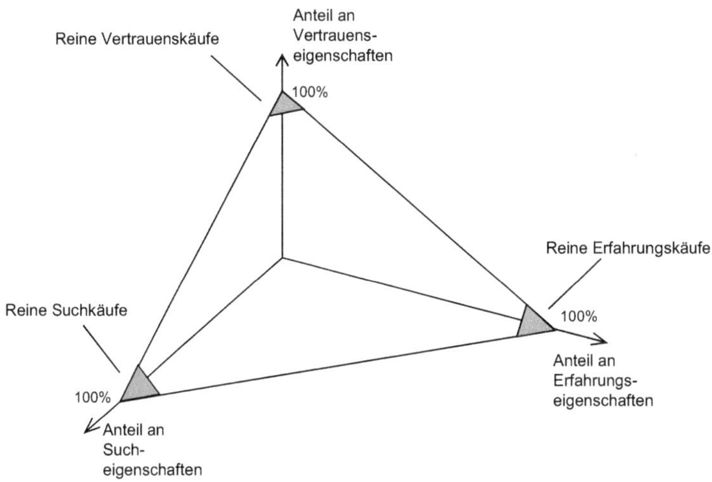

Abbildung 5: Informationsökonomisches Dreieck[120]

Die Literatur zur Informationsökonomie differenziert die Leistungsmerkmale eines Produktes nach dem Grad der Unsicherheit, respektive wie gut die Qualität durch den Konsumenten überprüft werden kann.[121] Es können Sucheigenschaften, Erfahrungseigenschaften und Vertrauenseigenschaften unterschieden werden. Sucheigenschaften können vor dem Kauf des Produktes durch den Konsumenten beurteilt werden und es kann eine Betrachtung der Handlungsoptionen erfolgen.[122] Allerdings gibt es auch Güter, bei denen sich eine intensive Suche nach Informationen nicht lohnt. Ist der Preis niedrig genug, wird der Konsument auf eine alternative Informationsbeschaffung ausweichen. Durch die Käufe verschiedener Marken eines Produktes kann ein Vergleich hergestellt und die beste Lösung basierend auf den

[118] Vgl. Nelson (1970), S. 311.
[119] Vgl. Meffert/Bruhn (2009), S. 56.
[120] In Anlehnung an Weiber/Adler (1995).
[121] Vgl. Greschuchna (2006), S. 55.
[122] Vgl. Nelson (1970), S. 312; Weiber/Adler (1995), S. 53.

gemachten Erfahrungen ausgewählt werden.[123] Die Evaluation des Produktes findet somit erst nach dem Kauf statt. Die dritte Eigenschaft, als Vertrauenseigenschaft bezeichnet, bezieht sich auf Produkte, deren Qualitätsbeurteilung vor sowie nach dem Kauf schwierig und zeitaufwendig ist.[124] Der Konsument verfügt nicht über das entsprechende Wissen zur adäquaten Beurteilung und empfindet die Kosten der Beurteilung als zu kostspielig.[125] Gemäß dieser Aufteilung, kann ein Dreieck zur Einordnung der jeweiligen Produkte und Dienstleistungen entlang der Leistungsmerkmale, wie in *Abbildung 5* illustriert, aufgespannt werden.

Basierend auf der jeweiligen Ausprägung der betreffenden Eigenschaften, können Leistungen in das informationsökonomische Dreieck eingeordnet werden. Güter lassen sich meist nicht eindeutig nur einer der drei Eigenschaften zuordnen, sondern beinhalten einen gewissen Anteil an den jeweiligen Eigenschaften.[126] Anhand dieser Einordnung lassen sich Leistungen charakterisieren und Konsequenzen für den Anbieter der Produkte ableiten.[127] Das Leistungsangebot kann adäquat in Abhängigkeit der entsprechenden Einordnung zugeschnitten werden. Es ist zu betonen, dass es letztlich auf die subjektive Wahrnehmung des Nachfragers und dessen Beurteilungsverhalten bei der Einordnung der Güter zu den Eigenschaften ankommt.[128]

Zwischen Anbieter und Nachfragern besteht ein Interessenkonflikt, denn beide Parteien haben zum Ziel, ein gutes Geschäft abzuschließen.[129] Für den Nachfrager stellt sich die Frage, wie er gute Anbieter von schlechten unterscheiden kann. Allein die Aussage des Anbieters, dass er keine Lemons anbietet, wird meist nicht genügen.[130] Wichtig ist hierbei die Tatsache, dass Anbieter mit guter Qualität einen Anreiz haben, potentielle Nachfrager von der Güte ihrer Produkte zu überzeugen.[131] Der Informationsübertragung, dem Prozess des Signaling, kommt demnach ein hoher Stellenwert zu, da es für einen Anbieter erfolgsentscheidend ist, dass der Verbraucher von bestehenden Wettbewerbsvorteilen in Kenntnis gesetzt wird und darüber

[123] Vgl. Nelson (1970), S. 312.
[124] Vgl. Darby/Karni (1973), S. 69.
[125] Vgl. Weiber/Adler (1995), S. 54.
[126] Vgl. Greschuchna (2006), S. 55.
[127] Vgl. Bruhn (2001), S. 23.
[128] Vgl. Weiber/Adler (1995), S. 59.
[129] Vgl. Frank/Bernanke (2007), S. 385.
[130] Vgl. Frank/Bernanke (2007), S. 386.
[131] Vgl. Varian (2006), S. 702.

hinaus diese für glaubwürdig und überzeugend hält.[132] Signaling Aktivitäten haben demnach für den Anbieter die Funktion, glaubwürdige Informationen über das Produkt zu verbreiten.[133] Signaling umfasst hierbei alle Instrumente des Marketing und kann nicht lediglich auf Werbung reduziert werden. Ein erfolgreiches Signaling erfordert Planung, Organisation und Kontrolle.[134] Alle Elemente des Marketing-Mix können hierbei eingesetzt werden. In Abhängigkeit der genannten Eigenschaften eines Produktes beim Screening, respektive Such-, Erfahrungs- und Vertrauenseigenschaften, variiert die Relevanz einzelner Elemente im Marketing-Mix.[135] Bei Sucheigenschaften rückt vor allem die Produkt- und Qualitätspolitik in die Aufmerksamkeit der Marketingaktivitäten. Die Preispolitik dient als Differenzierungsmerkmal bei gleicher Qualitätswahrnehmung.[136] Bei Erfahrungseigenschaften spielen diese Instrumente ebenso eine Rolle, da die Konsumenten durch den Gebrauch des Produktes überzeugt werden sollen. Ferner sollte hierbei der Preis gering genug sein, um Erfahrungskäufe zu ermöglichen. Werbung kann bei beiden Eigenschaften förderlich sein, da für den Anbieter kein Anreiz besteht, mehr zu versprechen als er leisten kann. Grundsätzlich können die Nachfrager überprüfen, ob das Produkt die versprochene Qualität einhält und ihren Bedürfnissen gerecht wird.[137] Demgegenüber wirken bei Vertrauenseigenschaften Signaling Aktivitäten nur in einem gewissen Maß. Insbesondere Werbung stößt hier auf immense Glaubwürdigkeitsprobleme, da die Konsumenten letztlich keine Möglichkeit zur Überprüfung haben.[138] Dementsprechend sollte der Anbieter von weiteren Formen der Informationsübertragung Gebrauch machen. Zum einen kann Selbstbindung, in Form von Garantien oder Qualitätsnachweisen, zur Reduktion von Unsicherheit genutzt werden. Zum anderen kommt dem Aufbau von Vertrauen hohe Relevanz zu. *Kaas (1990)* schreibt dazu, dass „der Aufbau von Vertrauen [...] die vielleicht wichtigste Form der Lösung des Problems der Leistungsbegründung [Signaling] ist“.[139]

[132] Vgl. Kaas (1990), S. 539 f.
[133] Vgl. Meffert/Bruhn (2009), S. 59.
[134] Vgl. Kaas (1990), S. 541.
[135] Vgl. Kaas (1995), S. 29.
[136] Vgl. Kaas (1995), S. 29.
[137] Vgl. Kaas (1990), S. 544.
[138] Vgl. Kaas (1990), S. 544; Kaas (1995), S. 30.
[139] Kaas (1990), S. 545.

2.3 Markenvertrauen als Möglichkeit zur Überwindung des Problems unvollständiger Informationen bei der zielorientierten Produktauswahl

2.3.1 Begriffsdefinitionen und Funktionen einer Marke

Konsumenten suchen nach Informationen, um die Eignung von Produkten evaluieren und folglich die richtige Auswahl treffen zu können.[140] Sie streben nach Wissen über Zweck-Mittel-Beziehungen, aber aufgrund von Kosten der Informationssuche auf Seiten des Verbrauchers einerseits sowie der Ausgestaltung von Anteilen an Such-, Erfahrungs- oder Vertrauenseigenschaften des Produktes auf der Angebotsseite andererseits, variiert der Wissensstand der Konsumenten bei der Kaufentscheidung.[141] Oftmals ist es dem Verbraucher nicht möglich ausreichend informiert zu sein und so trifft er seine Entscheidung unter Unsicherheit. Er geht das Risiko einer Fehlentscheidung und einen möglichen Nutzenverlust ein. Vor diesem Hintergrund kommt, innerhalb informationsökonomischer Ansätze, dem Vertrauenskonstrukt eine hohe Relevanz zu. Im Folgenden wird das Vertrauenskonstrukt eingeführt und in einen marketingorientierten Kontext eingeordnet. Dabei werden zunächst die Komponenten Marke und Vertrauen separat hergeleitet, so dass ein klares Begriffsverständnis als Grundlage für die abschließende Darlegung des Konstruktes Markenvertrauen gewährleistet ist.

Erste Hinweise auf eine Marke oder Markierung gab es bereits in der Antike sowie im mittelalterlichen Europa. Hersteller versahen ihre Produkte mit Markenzeichen und Zünfte nutzten Markierungen, um ihre Produkte vor minderer Qualität der Wettbewerber zu schützen.[142] Seit der Entstehung des klassischen Konzeptes des Markenartikels zu Beginn des 20. Jahrhunderts bis heute, hat der Begriff der Marke in Wissenschaft und Praxis in Abhängigkeit der jeweiligen Verwendungssituation und des zugrunde liegenden Verständnisses, unterschiedliche Definitionen erfahren. Auch die Veränderungen im Markt und der Umwelt resultieren in immer wieder neuen Rahmenbedingungen für Unternehmen und bedingen eine dynamische Entwicklung der Marke.[143] Definitionsansätze haben jedoch mit der realen Markenentwicklung nicht Schritt gehalten.[144] In der Marketing-Literatur finden sich Systematisierungen von Markenbegriffsansätzen, die sich in Art und Anzahl der extrahierten

[140] Vgl. Kapitel 2.1 und 2.2.
[141] Vgl. Kapitel 2.2.
[142] Vgl. Sattler (2001), S. 23; Kotler/Keller (2009), S. 426.
[143] Vgl. Meffert/Burmann (2005), S. 5 sowie S. 20.
[144] Vgl. Bruhn (2004a), S. 5.

Definitionen sowie im Hinblick auf die gewählte Begriffsfassung unterscheiden.[145] Im Folgenden wird ein Überblick über die Entwicklung der Definitionsansätze aus betriebswirtschaftlicher Sicht gegeben. Hierbei gilt es, das Wesen einer Marke vor dem Hintergrund des Vertrauens in eine Marke verständlich darzulegen. Daher wird sich auf Ansätze beschränkt, die für das vorliegende Buch eine Relevanz aufweisen.

Das Markenverständnis war bis in die Mitte der 1960er Jahre objektorientiert und Definitionen bezogen sich stets auf physisch fassbare Konsumgüter. Dementsprechend sprach man immer von Markenartikeln oder Markenware.[146] Der klassische Markenbegriff wurde maßgeblich von *Mellerowicz (1963)* geprägt.[147] Gemäß seiner Definition werden Markenartikel für den privaten Konsum geschaffen und ihre Herkunft wird durch ein Merkmal gekennzeichnet. Eine Marke garantiert konstante oder verbesserte Qualität bei gleich bleibender Menge und Aufmachung sowie Ubiquität. Ferner erlangt eine Marke Verkehrsgeltung durch Verbraucherwerbung.[148] Falls eine Anforderung dieses Merkmalskataloges nicht erfüllt ist, kann man bei strenger Auslegung nicht von einer Marke sprechen.[149] Diese Definition ist jedoch für aktuelle Erscheinungsformen von Marken nicht mehr ausreichend, da sie zu eng gefasst ist und beispielsweise Dienstleistungen, Handelsmarken oder Personen demnach keinen Markenstatus erlangen können.[150] Bei der Etablierung einer Marke kommt es dennoch letztendlich auf das Urteil und Kaufverhalten des Verbrauchers an. Die genannten Ansätze berücksichtigen dies nicht und vernachlässigen die Perspektive des Konsumenten.[151] Die Merkmale einer Marke nach *Mellerowicz (1963)* sind heute nicht mehr hinreichend, um das Kaufverhalten eines Konsumenten erklären zu können.[152] In den 70er Jahren bis Ende der 80er Jahre wurde der merkmalsorientierte Ansatz durch ein neues Verständnis einer Marke vor dem Hintergrund zunehmender Konsumentenmacht ergänzt.[153] In den Mittelpunkt der Betrachtung rückte nun die Wirkung von Marken auf den Konsumenten und dessen Wahrnehmung von

[145] Vgl. Bruhn (2004a), S. 10.
[146] Vgl. Bruhn (2004b), S. 9; Meffert/Burmann (2005), S. 23.
[147] Neben dem merkmalsorientierten Ansatz von *Mellerowicz* gibt es eine Vielzahl weiterer Markenbegriffe, die jedoch eher eine historische Entwicklung aufzeigen. Deren Betrachtung ist deshalb für die vorliegende Studie nicht zweckmäßig. Vgl. Herrmann/Huber/Braunstein (2005), S. 181; Esch (2008), S. 18 f.
[148] Vgl. Mellerowicz (1963), S. 39.
[149] Vgl. Meffert/Burmann (2005), S. 23.
[150] Vgl. Esch (2008), S. 17.
[151] Vgl. Herrmann/Huber/Braunstein (2005), S. 181.
[152] Vgl. Esch (2008), S. 20.
[153] Vgl. Meffert/Burmann (2005), S. 25.

Marken.[154] Die Markenbegriffsdefinition von *Berekoven (1978)* beschreibt, dass „[...] alles, was die Konsumenten als einen Markenartikel bezeichnen [...], tatsächlich ein solcher ist“.[155] Ein gekennzeichnetes Produkt wird demnach erst dann zur Marke, wenn der Konsument es als solche identifiziert und ein positives, unverwechselbares Image bei den Kunden aufgebaut werden kann.[156] Innerhalb dieser wirkungsbezogenen Begriffsauffassung wird die Marke aus Sicht des Kunden definiert.[157] Seit den 90er Jahren wird die Marke zusätzlich aus der Perspektive der Sozialpsychologie betrachtet. Innerhalb dieser Sichtweise hat sich ein identitätsorientiertes Markenverständnis herauskristallisiert.[158] Nach *Aaker (1996)* kann eine Markenidentität, ähnlich zu einer persönlichen Identität, Ziele und Inhalte für die Marke sowie eine Orientierung vorgeben. Sie dient dazu, eine Beziehung zum Konsumenten aufzubauen, indem sie funktionalen und emotionalen Nutzen stiftet. Darüber hinaus erfährt der Konsument einen Nutzen, indem er seine eigene Persönlichkeit über die Marke ausdrücken kann.[159] *Kapferer (1992)* umschreibt die Markenidentität als ein Aussagekonzept. Als klare Abgrenzung zu einem Markenimage, das Assoziationen der Konsumenten der Marke beschreibt, stellt die Markenidentität Inhalt und Konzeption der Marke aus Sicht des Unternehmens dar. Eine Markenidentität sollte definiert sein bevor sich die Öffentlichkeit ein Bild von der Marke macht.[160] Somit integriert der identitätsorientierte Ansatz bestehende Konzepte und erweitert sie um eine neue Ausrichtung.[161] *Aaker (1996)* schreibt zusammenfassend „Brand identity is a unique set of brand association that the brand strategist aspires to create or maintain.“[162] Er überträgt die Identität einer Person auf das Markenkonzept und beschreibt eine Brand Personality (Markenpersönlichkeit). So können Marken, wie Personen, als kompetent, witzig, aktiv oder auch vertrauenswürdig angesehen werden. Die Markenpersönlichkeit unterstützt die Entwicklung von starken Marken, da sie bei der Verbindung der Konsumenten mit der Marke helfen.[163] *Meffert* und *Burmann (2005)* sehen die Markenidentität als Voraussetzung für das Vertrauen der Konsumenten in eine Marke. Aus Vertrauen kann eine langfristige Kunden-

[154] Vgl. Meffert/Burmann (2005), S. 26.
[155] Berekoven (1978), S. 43.
[156] Vgl. Esch (2008), S. 22.
[157] Vgl. Bruhn (2004b), S. 9.
[158] Vgl. Meffert/Burmann (2005), S. 29. Die Autoren führen neben dem identitätsorientierten das fraktale Markenverständnis auf. Dieses wird in vorliegender Studie nicht näher erläutert, da es laut der Autoren zahlreiche Kritik aus Wissenschaft und Praxis erfahren hat und der Ansatz demzufolge wenig verbreitet ist.
[159] Vgl. Aaker (1996), S. 68.
[160] Vgl. Kapferer (1992), S. 44 f.
[161] Vgl. Bruhn (2004a), S. 15.
[162] Aaker (1996), S. 68.
[163] Vgl. Aaker (1996), S. 83.

bindung und Treue zu einer Marke entstehen.[164] „Auch bei der Marke gilt, nur wem man vertrauen kann, bleibt man treu“.[165] Der Wandel des Markenbegriffs im Laufe der Zeit zeigt, dass neben der Unternehmenssichtweise die Integration der Kundenperspektive auf die Marke unerlässlich ist, um im Markt langfristig erfolgreich zu sein. Für den Konsumenten können Marken verschiedene Funktionen erfüllen.[166] Eine Marke weist hauptsächlich eine Orientierungsfunktion auf. Durch ihre optische Kennzeichnung dient sie als Orientierungshilfe bei der Produktauswahl in der Vielfalt des Angebots.[167] Eine Marke beinhaltet ein verdichtetes Bündel an Informationen und dient ebenso der Informationsbeschaffung (Informationsfunktion), was gleichwohl die Informationsverarbeitung erleichtert.[168] Ferner reduziert eine starke Marke das Risiko einer Fehlentscheidung.[169] Sie unterstützt ein Gefühl der Sicherheit durch eine Qualitätsgarantie und schafft gleichzeitig Vertrauen (Qualitätssicherungs- bzw. Vertrauensfunktion).[170]

2.3.2 Herkunft des Vertrauensbegriffs und Definition von Vertrauen

Der gegenwärtige Vertrauensbegriff kann durch die Diskussion des Konstruktes in unterschiedlichen Wissenschaften mit jeweils anderen theoretischen und praktischen Hintergründen nicht allgemeingültig definiert werden.[171] *Krampen* und *Hank (2004)* konstatieren trotz existierender wissenschaftlicher Publikationen eine Diskrepanz zwischen der Relevanz von Vertrauen im Alltag und der Thematisierung in den Sozialwissenschaften und der Psychologie. Vertrauen ist nach ihrer Auffassung ein gängiger und präsenter Begriff im alltäglichen Leben, dem für das Verhalten und Erleben von Menschen nahezu überall eine Rolle zukommt. Dies wird jedoch nicht adäquat in der Fachliteratur widergespiegelt.[172] Vertrauen ist ein sehr komplexes und facettenreiches Konstrukt.[173] Menschen können Vertrauen in den Partner, in sich selbst, Freunde, aber auch in Institutionen und Organisationen haben und viele Theorien haben sich somit isoliert mit den jeweiligen Bedeutungsvarianten von Vertrauen befasst. *Krampen* und *Hank (2004)* unterscheiden hierbei Forschungslinien zu inter-

[164] Vgl. Meffert/Burmann (2005), S. 30.
[165] Meffert/Burmann (2005), S. 30.
[166] Vgl. Schweiger/Schrattenecker (2001), S. 78.
[167] Vgl. Matthes (2009), S. 42.
[168] Vgl. Bruhn (2004b), S. 32.
[169] Vgl. Bruhn (2004b), S. 33.
[170] Vgl. Schweiger/Schrattenecker (2001), S. 79.
[171] Vgl. Plötner (1995), S. 35.
[172] Vgl. Krampen/Hank (2004), S. 2.
[173] Vgl. Petermann/Winkel (2006), S. 78.

personalem[174] (sozialen) Vertrauen, Selbstvertrauen und Zukunftsvertrauen.[175] Es ist jedoch festzustellen, dass in erster Linie die Bedeutung des Vertrauens in andere, also zwischenmenschliche Beziehungen analysiert wurde.[176] Wie auch für die vorliegende Studie ist dabei das interpersonale Vertrauen von besonderem Interesse, da es als Grundlage für die Herleitung von Vertrauen in eine Marke dient. Im Folgenden wird somit nur auf die interpersonale Vertrauensforschung näher eingegangen.

Die Forschungen zu interpersonalem Vertrauen, respektive Vertrauen in ausgewählte Einzelpersonen, beleuchten insbesondere persönliche Beziehungen und individuelle Eigenschaften einer Person.[177] In den Sozialwissenschaften und in der Psychologie gab es einige Definitionsansätze für das interpersonale Vertrauenskonstrukt.[178] Im Folgenden wird ein Überblick über die interpersonale Vertrauensforschung gegeben und es werden zentrale Definitionen dargelegt. *Schottländer (1958)* beschreibt Vertrauen als das Ausmaß an Hoffnung auf das Gute im Menschen.[179] Als Ursache von Vertrauen innerhalb dieser philosophisch orientierten Definition spiegelt sich ein Handeln nach der Norm der Reziprozität wider. Individuen hoffen beim Handeln darauf, dass sie eine gleiche Behandlung als Gegenleistung erfahren.[180] *Petermann (1996)* identifiziert die Begriffsbestimmung von *Erikson (1963)* als eine der populärsten Definitionen von Vertrauen.[181] Vertrauen basiert demnach auf frühkindlichen Erfahrungen und entwickelt sich als ein (Ur)-Vertrauen oder (Ur)-Misstrauen, welchem für das restliche Leben eine hohe Bedeutung zukommt.[182] Ohne Vertrauen kann keine stabile und gesunde Persönlichkeit entstehen.[183] Beide Begriffsbestimmungen sind relativ global und nicht hinreichend für die Betrachtung von Vertrauen geeignet.

Weitere Definitionsansätze lassen sich danach einordnen, ob sie Vertrauen als Einstellungsvariable begreifen oder dem Konstrukt auch eine verhaltensorientierte Komponente zu-

[174] In der Literatur findet sich auch die Bezeichnung interpersonelles Vertrauen. Diese Begriffe können als synonym betrachtet werden.
[175] Vgl. Krampen/Hank (2004), S. 3 ff.
[176] Vgl. Greschuchna (2006), S. 63.
[177] Vgl. Petermann/Winkel (2006), S. 80.
[178] Vgl. Petermann/Winkel (2006), S. 78.
[179] Vgl. Schottländer (1958), zitiert in Petermann (1996), S. 11.
[180] Vgl. Petermann (1996), S. 12.
[181] Vgl. Petermann (1996), S. 12.
[182] Vgl. Petermann (1996), S. 12.
[183] Vgl. Krampen/Hank (2004), S. 3.

schreiben.[184] Zunächst erfolgt eine Darstellung einstellungsorientierter Definitionen. *Rotter (1979)* begreift innerhalb seiner Theorie des Sozialen Lernens zwischenmenschliches Vertrauen als eine generalisierte Erwartungshaltung bzw. eine Einstellung. Menschen unterscheiden sich im Hinblick darauf, ob sie allgemein anderen Personen Glauben schenken und sich auf andere verlassen können.[185] Vertrauen wird durch gemachte Erfahrungen eines Individuums erlernt und entwickelt sich zu einer stabilen Persönlichkeitsvariablen.[186] Zum Verständnis einer Persönlichkeit werden Erfahrungen aus der persönlichen Vergangenheit untersucht. Die Persönlichkeit ist demnach einerseits ständiger Veränderung durch neue Erfahrungen unterworfen und andererseits in bestimmter Hinsicht stabil, da bestehende Erfahrungen neues Lernen beeinflussen.[187] *Rotter (1967)* versteht Vertrauen als „[…] an expectancy held by an individual or a group that the word, promise, verbal or written statement of another individual or group can be relied upon."[188] Insbesondere in subjektiv neuartigen oder mehrdeutigen Situationen kommt dem generalisierten Vertrauen eine hohe Relevanz zu, da Personen in solchen Situationen auf generalisierte Erwartungshaltungen zurückgreifen.[189]

Ebenso begreift *Luhmann (2000)* Vertrauen als Einstellungsvariable.[190] So schreibt er, dass Vertrauen eine „[...] weder objektiv noch subjektiv, weder auf andere Gegenstände noch auf andere Vertrauende übertragbare Einstellung [...]" ist.[191] An dieser Stelle bleibt anzumerken, dass sich *Luhmann (2000)* nicht ausschließlich mit dem interpersonalen Vertrauenskonstrukt befasst, sondern erstmals zusätzliche Formen wie institutionelles Vertrauen thematisiert. Dieses beschreibt die Zuversicht einer Person in das Funktionieren von sozialen Systemen, so genanntes Systemvertrauen.[192] Von besonderem Interesse für diese Studie ist jedoch die Funktion, die *Luhmann (2000)* Vertrauen zuschreibt. Die Umwelt ist nach seiner Ansicht für den Menschen unkontrollierbar und komplex. Personen bewegen sich in dieser Komplexität und müssen Entscheidungen treffen, um handeln zu können. Die Möglichkeit Komplexität adäquat zu reduzieren, ergibt sich für ihn durch Vertrauen. Vertrauen auf das Handeln anderer, im Sinne eines positiven und kooperativen Handelns, eröffnet Chancen und Handlungs-

[184] Vgl. Petermann/Winkel (2006), S. 78.
[185] Vgl. Rotter/Hochreich (1979), S. 117 f.
[186] Vgl. Petermann (1996), S. 12.
[187] Vgl. Rotter/Hochreich (1979), S. 105.
[188] Rotter (1967), S. 1.
[189] Vgl. Krampen/Hank (2004), S. 4; Petermann/Winkel (2006), S. 81.
[190] Vgl. Petermann (1996), S. 12.
[191] Luhmann (2000), S. 34.
[192] Vgl. Greschuchna (2006), S. 67.

spielräume. Es existiert für ihn nur dann, wenn vertrauensvolle Erwartungen gebildet werden, die letztlich eine Entscheidung unter Unsicherheit maßgeblich beeinflussen.[193] Dabei geht der Vertrauende ein Risiko ein, da er nicht vollständig informiert ist und keine vollkommene Kontrolle über den Ausgang zukünftiger Ereignisse hat.[194] Vertrauen ist demnach eine wirksame Form zur Reduktion von Komplexität.[195]

Die im Folgenden dargelegte Definition von *Deutsch (1962)* beinhaltet eine verhaltensbezogene Komponente von Vertrauen. Er beschreibt essentielle Eigenschaften von Situationen, die Vertrauen notwendig machen können. Grundsätzlich kann eine Person mit zwei Handlungsoptionen konfrontiert werden, die entweder einen Nutzen bringen oder der Person Schaden zufügen. Der Ausgang dieser Situation ist von einer anderen Person abhängig, die nicht der persönlichen Kontrolle unterliegt.[196] Eine Entscheidung, die Vertrauen erfordert, ist ferner dadurch charakterisiert, dass der potentielle Schaden größer ist als der Nutzen aus der Situation. *Deutsch (1962)* grenzt diese Entscheidung gegenüber einer Entscheidung unter Risiko ab. Diese ist dadurch gekennzeichnet, dass potentielle Anreize oder Gewinne höher geschätzt werden als ein möglicher Verlust, wie es beispielsweise beim Glücksspiel der Fall ist.[197] Letztlich führt Vertrauen zu Verhaltensweisen, die die eigene Verwundbarkeit steigern und gegenüber Person erfolgen, die nicht der persönlichen Kontrolle unterliegen.[198]

Die zentralen Bestandteile von interpersonalem Vertrauen lassen sich folgendermaßen zusammenfassen. Charakteristisch für Vertrauen ist, dass es stets auf erlernten Erfahrungen aus der Vergangenheit basiert. Vertrauen kann als Einstellung begriffen werden oder eine Verhaltenskomponente beinhalten. Hervorzuheben ist, dass Vertrauen auf zukünftige Ereignisse ausgerichtet ist und positive Erwartungen bezüglich Handlungen anderer reflektiert. Individuen können unter Unsicherheit und nicht vollständig informiert durch Vertrauen Entscheidungen treffen und Handlungsspielraum bewahren, obwohl das Risiko einer Enttäuschung besteht.[199] Ziel dieses Buches ist es, Erkenntnisse über das Vertrauenskonstrukt innerhalb eines betriebswirtschaftlichen Kontextes zu erlangen. Insbesondere steht das

[193] Vgl. Luhmann (2000), S. 28.
[194] Vgl. Petermann (1996), S. 12.
[195] Vgl. Luhmann (2000), S. 8.
[196] Vgl. Deutsch (1962), S. 303.
[197] Vgl. Deutsch (1962), S. 303 f.
[198] Vgl. Petermann (1996), S. 13; Petermann/Winkel (2006), S. 79.
[199] Vgl. Petermann/Winkel (2006), S. 79.

Vertrauen in eine Marke im Mittelpunkt des Interesses. Im folgenden Abschnitt wird ein Überblick über die Vertrauensforschung im ökonomischen Kontext gegeben und das Konstrukt adäquat in einen Marketingkontext eingeordnet.

2.3.3 Marke als Vertrauensgut – Vertrauen im ökonomischen Kontext

In Kapitel 2.3.2 wurde dargelegt, dass Individuen Vertrauen zu anderen Personen aufbauen können und dieses insbesondere in Situationen unvollständiger Information eine wichtige Rolle spielen kann. Bei Gütern, die gemäß der Einordnung in das informationsökonomische Dreieck durch ein hohes Maß an Vertrauenseigenschaften gekennzeichnet sind, spielen Qualitätsversprechen eine wichtige Rolle. Wenn Verbraucher, unabhängig von der Branche, nicht bereit sind, viel Zeit in die Informationssuche vor dem Kauf zu investieren, kommt dem Vertrauen ein hoher Stellenwert zu.[200] Die Kaufentscheidung, hier die Auswahl einer Marke, ist demnach als Untersuchungsobjekt insbesondere als eine ungewisse, unvollständig informierte Situation zu charakterisieren.[201] Zunächst wird erörtert, ob die Übertragung des interpersonalen Vertrauenskonzeptes sowie der Aufbau von Vertrauen gegenüber einer Marke möglich sind. Gemäß den Funktionen einer Marke kann diese bei der Kaufentscheidung für den Konsumenten als Erkennungszeichen und Vertrauensanker fungieren. Marken dienen der Erleichterung der Kaufentscheidung, da der Kunde auf die für ihn damit verbundenen Informationen und Assoziationen zurückgreifen kann.[202] Eine Marke steht jeher für gute und gleich bleibende Qualität.[203] Heute wird eine Marke als Persönlichkeit mit einer Markenidentität begriffen.[204] Ferner sieht *Fournier (1998)* eine Marke als Beziehungspartner an, wobei eine Marke kein passives Objekt ist, sondern vielmehr die Kundenbeziehung mitgestaltet.[205] *Fournier (1998)* argumentiert, dass Menschen dazu tendieren, leblosen Objekten menschliche Eigenschaften zuzuschreiben und diese somit zu vermenschlichen oder zu personalisieren. Auf abstrakte Weise können selbst Marketing Aktivitäten des Unternehmens als Verhalten einer Marke angesehen werden und rechtfertigen somit den Beziehungscharakter einer Marke zum Verbraucher.[206] Diese neue Sichtweise auf eine Marke erlaubt es, das Konzept des interpersonalen Vertrauens ebenso auf die Beziehung eines Konsumenten zu einer Marke zu

---

[200] Vgl. Wünschmann/Müller (2006), S. 226.
[201] Vgl. Huber/Meyer (2008), S. 49.
[202] Vgl. Esch/Wicke/Rempel (2005), S. 12; Esch/Rutenberg (2006), S. 200.
[203] Vgl. Kapitel 2.3.1 Markendefinition nach *Mellerowicz (1963)*.
[204] Vgl. Kapitel 2.3.1 Markendefinition nach *Aaker (1996)*.
[205] Vgl. Fournier (1998), S. 344.
[206] Vgl. Fournier (1998), S. 344 f.

übertragen,[207] denn die Marke wird zum Substitut für menschlichen Kontakt.[208] Es ist anzunehmen, dass Individuen auch zu einer Markenpersönlichkeit Vertrauen aufbauen können.[209] Nach *Huber*, *Regier* und *Vollhardt (2006)* erfordert der Transfer des Vertrauenskonzeptes aus der Psychologie in einen betriebswirtschaftlichen Rahmen jedoch die Berücksichtigung einer weiteren Perspektive. Geschäftsbeziehungen sind durch eine Abhängigkeit zwischen den Partnern gekennzeichnet, da ein Leistungsversprechen über Erhalt oder Lieferung gegeben wurde. Der ökonomische Betrachtungskontext einer Marke sollte demnach um die Berücksichtigung von Fähigkeiten und Kompetenzen des Partners ergänzt werden, d. h. ob dieser in der Lage sein wird, die geforderte Leistung zu erbringen.[210] Im Folgenden werden zentrale Arbeiten der theoretischen und empirischen ökonomischen Vertrauensforschung und deren Verständnis sowie Determinanten des Vertrauenskonstruktes dargelegt, um abschließend eine adäquate Definition von Markenvertrauen für die vorliegende Studie abzuleiten.

Das seit den 1980er Jahren aufkommende Relationship Management (Beziehungs-Management) hat einen wesentlichen Beitrag zur Vertrauensforschung geleistet. Das Marketing Management hatte sich bis dato vornehmlich an Einzeltransaktionen mit dem Kunden orientiert. Innerhalb des Relationship Managements steht die Ausgestaltung der langfristigen Kundenbeziehung im Mittelpunkt des Interesses, mit dem Ziel, Erlös- und Kostensenkungspotentiale zu realisieren.[211] Die Erforschung des Vertrauenskonstruktes hat hierbei wertvolle Antriebe erfahren.[212] Eine erste Arbeit von *Dwyer*, *Schurr* und *Oh (1987)* identifiziert verschiedene Phasen innerhalb einer Kundenbeziehung,[213] wobei das Vertrauenskonstrukt insbesondere bei der Bildung einer langfristigen Kundenbindung ein zentrales Element darstellt.[214] Auch *Anderson* und *Weitz (1989)* haben Vertrauen als eine zentrale Determinante für eine kontinuierliche Geschäftsbeziehung identifiziert. Innerhalb des beziehungstheoretischen Ansatzes wurde der Studie von *Morgan* und *Hunt (1994)* besondere Aufmerksamkeit zuteil, da sie versucht, Beziehungskonstrukte zu identifizieren, die die Entstehung von

[207] Vgl. Huber/Meyer (2008), S. 48.
[208] Vgl. Lau/Lee (1999), S. 344.
[209] Vgl. Esch/Rutenberg (2006), S. 201.
[210] Vgl. Huber/Regier/Vollhardt (2006), S. 237.
[211] Vgl. Bruhn (2001), S. 6.
[212] Vgl. Kenning/Blut (2006), S. 6.
[213] Vgl. Dwyer/Schurr/Oh (1987), S. 15 f. Phasen der Kundenbeziehung: Awareness, Exploration, Expansion, Commitment und Dissolution.
[214] Vgl. Dwyer/Schurr/Oh (1987), S. 23.

Kundenbindung erklären können.[215] Sie modellieren das Vertrauenskonstrukt neben Commitment als Schlüsselvariable, die für den Erfolg einer Kundenbeziehung unerlässlich ist.[216] Seit dem Aufkommen des Relationship Managements ist die Bedeutung von Vertrauen in der Marketingtheorie anerkannt.[217] War diese Forschungsrichtung anfangs nur auf Industriegüter- und Dienstleistungsbereiche ausgerichtet, wird sie heute auch für Konsumgüter konzipiert und angewendet.[218] Hierbei wird die Beziehung zu einer Marke als Forschungsobjekt betrachtet, da diese, wie bereits erläutert, einen Beziehungscharakter aufweisen kann.

Zur Begriffsbestimmung des Vertrauenskonstruktes berufen sich zahlreiche Studien, so auch *Morgan* und *Hunt (1994)* auf eine empirische Arbeit von *Moorman, Deshpandé, Zaltman (1993)*. Die Autoren untersuchen Vertrauen als ein wichtiges Element innerhalb ökonomischer Austauschbeziehungen.[219] Sie definieren Vertrauen "[...] as a willingness to rely on an exchange partner in whom one has confidence."[220] Diese Begriffsbestimmung vereint zwei Sichtweisen von Vertrauen. Zum einen wird Vertrauen als Einstellung gegenüber der Vertrauenswürdigkeit eines Austauschpartners betrachtet, die aus der Expertise oder der Glaubwürdigkeit eines Partners resultiert.[221] Zum anderen beinhaltet sie jedoch gemäß den Überlegungen *Deutschs (1962)* eine Verhaltensintention, die eine Bereitschaft des Vertrauens und ein gewisses Maß an Verletzlichkeit und Unsicherheit auf Seiten des Vertrauenden reflektiert.[222] Die Autoren sind davon überzeugt, dass die einstellungs- sowie die verhaltensorientierte Komponente, vorhanden sein müssen. Es gibt Personen, die mögen glauben, dass ein Gegenüber vertrauenswürdig ist, jedoch nicht nach dieser Einstellung handeln. Nach Ansicht der Autoren besitzen solche Personen nur eingeschränktes Vertrauen in das jeweilige Bezugsobjekt.[223] Als Einflussfaktoren auf Vertrauen wurden insbesondere interpersonale Charakteristika des Anbieters als signifikant identifiziert, was die Anwendung des interpersonalen Vertrauenskonstruktes im ökonomischen Kontext stützt.[224] Die wahrgenommene Integrität des Anbieters wurde als wichtigster Einflussfaktor auf Vertrauen bestimmt, gefolgt von der

[215] Vgl. Kenning/Blut (2006), S. 6.
[216] Vgl. Morgan/Hunt (1994), S. 31.
[217] Vgl. Huber/Meyer (2008), S. 47.
[218] Vgl. Bruhn (2001), S. 8.
[219] Die Studie beleuchtet Austauschbeziehungen zwischen Unternehmen und Marktforschungsinstituten.
[220] Moorman/Zaltman/Deshpandé (1992), S. 315; Moorman/Deshpandé/Zaltman (1993), S. 82.
[221] Vgl. Kapitel 2.3.2. Definition nach *Rotter (1967)* und *Luhmann (2000)*.
[222] Vgl. Moorman/Zaltman/Desphandé (1992), S. 315.
[223] Vgl. Moorman/Zaltman/Desphandé (1992), S.315; Moorman/Deshpandé/Zaltman (1993), S. 82.
[224] Vgl. Moorman/Deshpandé/Zaltman (1993), S 93.

Bereitschaft, Unsicherheit zu klären, der Zuverlässigkeit und der wahrgenommenen Expertise des Anbieters.[225] Eine nachfolgende Studie von *Ganesan (1994)* betrachtet langfristige Geschäftsbeziehungen zwischen Großhändlern und Zulieferern und bezieht sich ebenso auf die Definition von *Moorman*, *Deshpandé* und *Zaltman (1992)*.[226] *Ganesan (1994)* hebt insbesondere zwei zentrale Komponenten von Vertrauen hervor. Für ihn beinhaltet diese Definition vor allem Glaubwürdigkeit und Wohlwollen. Glaubwürdigkeit bezieht sich im Kontext seiner Studie auf die wahrgenommene Expertise sowie die Zuverlässigkeit des Partners. Sie beschreibt eine Erwartung, dass man sich auf das Wort oder schriftliche Aussagen des Partners verlassen kann.[227] Wohlwollen bezieht sich auf die Motive und Absichten, die man dem Austauschpartner attribuiert. Einem Partner, der nicht nur eigene Interessen verfolgt, sondern Interesse für den Kunden zeigt, wird man stärker vertrauen als einem Partner mit ausnahmslos eigenen Interessen.[228] Als Einflussfaktor auf Vertrauen wurde insbesondere die Reputation des Anbieters identifiziert. Eine schlechte Reputation im Markt wirkt sich demnach nachteilig auf das Vertrauen der Nachfrager aus.[229] Der Auffassung, dass Vertrauen vornehmlich Glaubwürdigkeit und Wohlwollen umfasst, folgen auch *Doney* und *Cannon (1997)*, die Vertrauen demnach als „[...] the perceived credibility and benevolence of a target of trust" definieren.[230] Sie heben hervor, dass eine Verletzlichkeit der Partner als Voraussetzung für das Entstehen von Vertrauen gegeben sein sollte. Die Ergebnisse einer Handlung sind demnach durch Unsicherheit gekennzeichnet und von Wichtigkeit für den Vertrauenden.[231] In einer Studie von *Mayer*, *Davis* und *Schoorman* (1995) finden sich ähnliche Charakteristika von Vertrauen. Sie werden als Fähigkeit (Ability), Wohlwollen (Benevolence) und Integrität (Integrity) beschrieben. Das Fähigkeitskonstrukt ist vergleichbar mit Glaubwürdigkeit nach *Ganesan (1994)*.

Das Schrifttum zu Vertrauen im Konsumgüterbereich ist im Vergleich zu Industriegütern noch nicht sehr weit vorangeschritten und das Vertrauenskonzept bedarf noch an Forschung.[232] Innerhalb des Markenkontextes kann Vertrauen als ein Gefühl der Sicherheit

[225] Vgl. Moorman/Deshpandé/Zaltman (1993), S. 93 f.
[226] Die Studie berücksichtigt die Perspektive des Anbieters und des Nachfragers innerhalb ökonomischer Austauschbeziehungen. Diese Studie stützt sich auf die Ergebnisse der Nachfragerperspektive.
[227] Vgl. Ganesan (1994), S. 3.
[228] Vgl. Ganesan (1994), S. 3.
[229] Vgl. Ganesan (1994), S. 9.
[230] Doney/Cannon (1997), S. 36.
[231] Vgl. Doney/Cannon (1997), S. 36.
[232] Vgl. Lau/Lee (1999), S. 342.

verstanden werden, das die Marke bezüglich der versprochenen Konsumerwartungen vermittelt.[233] Nach *Delgado-Ballester* und *Munuera-Aléman (2001)* vereint diese Sichtweise zum einen Kompetenzen oder Fähigkeiten, Produkte anzubieten, die den Kundenbedürfnissen entsprechen. Ferner wird jedoch auch die Verletzlichkeit des Konsumenten widergespiegelt, die ein Unternehmen nicht ausnutzen sollte, um Gewinne zu erzielen.[234] *Chaudhuri* und *Holbrook (2001)* definieren Markenvertrauen als „[...] willingness of the average consumer to rely on the ability of the brand to perform its stated function“.[235] Die Autoren beziehen sich auch auf die Definition von *Moorman*, *Deshpandé* und *Zaltman (1992, 1993)* sowie auf *Doney* und *Cannon (1997)*. Vertrauen ist demnach insbesondere in Situationen, die von Unsicherheit geprägt sind relevant. Vertrauen auf Seiten des Konsumenten in eine Marke wird Unsicherheiten oder ein Gefühl von Verwundbarkeit (vulnerability) reduzieren können.[236] Diese Definition beinhaltet ferner, dass das Konstrukt einen kalkulierten Prozess auf Seiten des Konsumenten beinhaltet, resultierend in einem Urteil über die Fähigkeiten der Marke, ihre Aufgabe zu erfüllen. Somit sind Fähigkeiten, Ehrlichkeit, Wohlwollen gegenüber den Kunden und Sicherheit wichtige Facetten von Vertrauen, die Verbraucher bei der Evaluation der Marke berücksichtigen.[237] Die vorliegende Studie bezieht sich auf die Markendefinition von *Chaudhuri* und *Holbrook (2001)* sowie deren innewohnendem Verständnis von Vertrauen in Bezug auf die genannte Arbeit von *Doney* und *Cannon (1997)*.

[233] Vgl. Delgado-Ballester/Munuera-Aléman (2001), S. 1242.
[234] Vgl. Delgado-Ballester/Munuera-Aléman (2001), S. 1242.
[235] Chaudhuri/Holbrook (2001), S. 82.
[236] Vgl. Chaudhuri/Holbrook (2001), S. 82.
[237] Vgl. Chaudhuri/Holbrook (2001), S. 82.

3 Modellkonzeption zur Rolle von Markenvertrauen bei der Erreichung von Konsumzielen

3.1 Zur Herleitung eines Modells zu der Rolle von Markenvertrauen bei der Erreichung von Konsumzielen

Eine Analyse von *Kenning* und *Blut (2006)* der internationalen Publikationen im Bereich Marketing für den Zeitraum 1992 bis 2004 zeigt, dass die Relevanz von Vertrauen im ökonomischen Kontext merklich zugenommen hat.[238] Das vorliegende Buch beschäftigt sich mit der Frage, welche Rolle Vertrauen bei der zielgerichteten Kaufentscheidung eines Konsumenten spielt. Insbesondere durch den marketingorientierten Kontext der Studie ist es von zentralem Interesse, wirksame Stellhebel und Ansatzpunkte für das Marketingmanagement für den Aufbau von Vertrauen in eine Marke zu identifizieren. Vor diesem Hintergrund wird im folgenden Kapitel ein Kausalmodell hergeleitet, welches die zwei zentralen Aspekte Vertrauen in eine Marke und zielorientiertes Verhalten widerspiegelt. Es erfolgt eine adäquate Verknüpfung beider Teilbereiche, wobei Vertrauen als Basis für zielgerichtetes Verhalten modelliert wird. Das Kernstück des im Folgenden hergeleiteten Modells wird somit durch das Vertrauenskonstrukt repräsentiert. Weiterhin werden wesentliche Einflussfaktoren für den Aufbau von Vertrauen in das Modell integriert.

Delgado-Ballester und *Munuera-Aléman (2001)* schreiben, dass der Aufbau von Vertrauen auf den jeweiligen Erfahrungen des Konsumenten mit der Marke basiert. Demzufolge repräsentieren Urteile über direkte Kontakte, wie z. B. Versuchskäufe oder Zufriedenheit mit dem Produkt, als auch indirekte Kontakte, wie z. B. Reputation oder Kommunikation einer Marke, mögliche Quellen von Vertrauen.[239] Die vorliegende Studie greift diese Überlegung auf und nimmt an, dass vor allem die Reputation einer Marke, die Kommunikation sowie die Zufriedenheit mit der Marke in der Vergangenheit wichtige Komponenten zur Bildung von Vertrauen darstellen. Eine Literaturanalyse von *Greschuchna (2006)* attestiert den beiden Variablen Reputation und Kommunikation eine besondere Bedeutung hinsichtlich des Vertrauenskonstruktes.[240] Die Reputation reflektiert die Sicht des Verbrauchers und dessen Wahrnehmung der Marke als Gesamtheit im Markt. Demgegenüber spiegelt das Konstrukt Kommunikation alle kommunikationspolitischen Aktivitäten der Marke wider und die Zufriedenheit steht im

[238] Vgl. Kenning/Blut (2006), S. 4 f.
[239] Vgl. Delgado-Ballester/Munuera-Aléman (2001), S. 1243.
[240] Vgl. Greschuchna (2006), S. 88.

besonderen Maße für die Leistungskomponente eines Produktes der Marke.[241] Durch diese Variablen werden somit alle Instrumente des Marketing-Mix, Produkt, Kommunikation, Distribution und Preis tangiert. An dieser Stelle sei noch einmal auf die Möglichkeiten der Reduktion von Unsicherheiten durch Signaling-Aktivitäten aus Kapitel 2.2 verwiesen. Eine erfolgreiche Informationsübertragung sollte nicht nur durch Werbung erfolgen, sondern durch den Einsatz aller Marketing-Mix Instrumente.

Der Kauf einer bestimmten Marke, die der Konsument als geeignetes Mittel erachtet, um sein Ziel zu erfüllen, wird in dieser Studie als zielgerichtetes Verhalten modelliert. Diese Studie unterstellt hierbei eine bereits vorhandene inhaltliche Spezifikation des Basis-Zieles. Die Frage nach dem *Was* wird hier somit als bereits beantwortet gesehen. Vielmehr liegt der Fokus dieser Studie auf der hierarchischen Ebene zur Beantwortung der Frage nach dem *Wie* zur Erreichung eines Zieles. Gemäß dem Rubikon-Modell befindet sich der Konsument in Bezug auf das Basis-Ziel in der präaktionalen Phase der Planung. Aus zielhierarchischer Sicht kann die Kaufentscheidung des Konsumenten eine Ebene tiefer eingeordnet werden, wobei sich der Verbraucher wieder in der prädezisionalen Phase befindet. Es geht nun darum, aus verschiedenen Möglichkeiten geeignete Mittel zur Realisierung auszuwählen. Somit finden wieder Prozesse des Abwägens statt, die in der Bildung einer Zielintention münden. Auf jeder Ebene der Zielhierarchien finden Prozesse der Zielbildung und Zielverfolgung statt.

Für die motivationale Phase der Zielbildung sind insbesondere die Konstrukte Selbstwirksamkeit und Ergebniserwartung relevant. Diese Konstrukte werden als geeignet zur Vorhersage des Kaufverhaltens angesehen. Bevor die Herleitung des Modells näher beleuchtet wird, gilt es zunächst, auf Basis der theoretischen Definitionen aus *Kapitel 2,* die relevanten Konstrukte adäquat zu konzeptualisieren. Somit geht *Abschnitt 3.2* zunächst auf die inhaltliche Struktur der zentralen Konzepte, dem zielgerichteten Verhalten und dem Vertrauen in eine Marke, ein. Im Anschluss werden die Forschungs-Hypothesen für das postulierte Modell hergeleitet.

[241] Vgl. Homburg/Koschate/Becker (2005), S. 1396.

3.2 Konzeptionelle Grundlagen zur Bildung eines Modells zur zentralen Relevanz von Markenvertrauen bei der zielgerichteten Produktauswahl

3.2.1 Konzeptionelle Grundlagen zielgerichteten Verhaltens

Die Modellierung zielgerichteten Verhaltens erfolgt mit Hilfe der in *Kapitel 2.1.4* vorgestellten Konstrukte Ergebniserwartungen und Selbstwirksamkeitserwartungen. Selbstwirksamkeit reflektiert die Kontrollüberzeugungen des Verbrauchers und hat Gemeinsamkeiten mit dem Konstrukt der wahrgenommenen Verhaltenskontrolle (Perceived Behavioral Control - PBC) nach *Ajzen (1986)* innerhalb der Theorie des geplanten Verhaltens. Ungeachtet der allgemeinen Anerkennung der Theorie des geplanten Verhaltens, hat das Konstrukt PBC Kritik hinsichtlich der Konzeptualisierung und Messung erfahren.[242] *Ajzen (2002)* setzt dieses Konstrukt mit Selbstwirksamkeitserwartungen nach *Bandura* gleich.[243] Die Ergebnisse im Hinblick auf die interne Konsistenz der Indikatoren zur Messung von PBC suggerieren jedoch eine Zerlegung des Konstruktes in zwei separate theoretische Konzepte.[244]

Die Autoren *Armitage* und *Conner (1999)* argumentieren, dass vor allem aus den Erläuterungen *Ajzens* zwei Funktionen hinsichtlich der direkten Effekte von PBC auf das Verhalten abzuleiten sind.[245] Sie schlagen in ihrer Studie eine Differenzierung des Konstruktes in Selbstwirksamkeit und wahrgenommene Kontrolle über das Verhalten (Perceived Control over Behavior - PCB) vor. Demnach fungiert PBC zum einen direkt als Verhaltensvorhersage. Diese Sichtweise ähnelt dem Konzept der Kontrollüberzeugungen nach *Rotter (1977)*, der so genannten Lokation der Kontrolle (Locus of Control).[246] Hierbei handelt es sich um generalisierte Überzeugungen eines Individuums, die zum Ausdruck bringen, ob Erfolge oder Misserfolge durch die jeweilige Person selbst beeinflusst werden können. Ergebnisse können somit durch eigene Handlungen oder durch externe Kräfte außerhalb der eigenen Kontrolle determiniert sein. [247] Zum anderen wirkt PBC wie das Konstrukt Selbstwirksamkeit, da es interne Ressourcen wie Fähigkeiten und Zuversicht reflektiert und auf diese Weise Verhalten beeinflusst.[248] Vor dem Hintergrund dieser zwei Funktionen von wahrgenommener Verhaltenskontrolle und vorangegangener Kritik hinsichtlich der Konzeptualisierung schlägt *Ajzen (2002)*

[242] Vgl. Ajzen (2002), S. 666; Armitage/Conner (1999a), S. 36.
[243] Vgl. Ajzen (2002), S. 668.
[244] Vgl. Armitage/Conner (1999a), S. 38.
[245] Vgl. Armitage/Conner (1999), S. 38.
[246] Vgl. Armitage/Conner (1999a), S. 38.
[247] Vgl. Bandura (1997), S. 19.
[248] Vgl. Armitage/Conner (1999a), S. 38.

wie in *Abbildung 6* illustriert ein hierarchisches Modell zur Konzeptualisierung des Konstruktes vor. So argumentiert er, dass das Vorliegen unterschiedlicher Arten von Kontrollbezeugungen nicht gegen die unidimensionale Konzeptualisierung des Konstruktes spricht.[249]

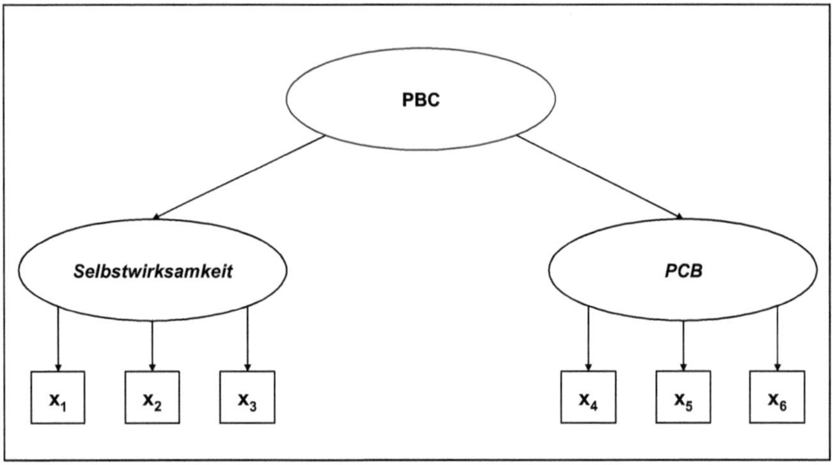

Abbildung 6: Konzeptualisierung der wahrgenommenen Verhaltenskontrolle[250]

Die wahrgenommene Verhaltenskontrolle setzt sich aus den untergeordneten Komponenten Selbstwirksamkeit und PCB zusammen. Beide werden separat über adäquate Indikatoren gemessen. PBC stellt ein Konstrukt höherer Ordnung dar.[251] Zwar sind Selbstwirksamkeit und PCB unabhängig voneinander, sie besitzen jedoch ausreichend Kommunalität, um das abgebildete hierarchische Modell zu unterstützen. Ferner wird dieses Modell der Forderung gerecht, dass die Konstrukte Selbstwirksamkeit und PCB reliabel voneinander zu trennen sind, da sie auf unterschiedliche Aspekte der Verhaltenskontrolle fokussieren, aber dennoch miteinander verbunden sein sollten.[252]

3.2.2 Konzeptionelle Grundlagen zu Vertrauen im ökonomischen Kontext

In der Literatur hat Markenvertrauen unterschiedliche Begriffsbestimmungen erfahren.[253] Die vorliegende Studie orientiert sich an der Definition von *Chaudhuri* und *Holbrook (2001)*, die

[249] Vgl. Ajzen (2002), S. 678.
[250] In Anlehnung an Ajzen (2002), S. 679.
[251] Vgl. Ajzen (2002), S. 678.
[252] Vgl. Ajzen (2002), S. 678.
[253] Vgl. Kapitel 2.3.3.

Markenvertrauen als die Bereitschaft der Konsumenten, den ausgelobter Funktionen der Marke Glauben zu schenken, beschreiben. Diese Definition beinhaltet die Komponenten Glaubwürdigkeit und Wohlwollen.[254] Sie reflektiert die Fähigkeit einer Marke, Leistungen sowie wahrgenommene Motive und Interessen auf Seiten des Konsumenten erfüllen zu können. Es gilt, eine adäquate Möglichkeit zu finden, diese Komponenten bei der Konzeptualisierung widerzuspiegeln. Hierbei stehen ein- oder mehrdimensionale Konzeptualisierungen zur Verfügung. Die Konstrukte unterscheiden sich dabei in ihrer Anzahl der zugrunde liegenden Dimensionen. Eindimensionale Konstrukte bestehen aus mehreren Komponenten, die aber alle ein Teil der gleichen theoretischen Dimension sind. Mehrdimensionale Konstrukte sind dadurch gekennzeichnet, dass die entsprechenden Komponenten unterschiedlichen theoretischen Dimensionen angehören.[255] Im Hinblick auf das Vertrauenskonstrukt war das Vorgehen in der Vergangenheit nicht einheitlich.[256] Einige Studien modellieren eine unidimensionale Lösung für das Vertrauenskonstrukt.[257] Die Studie von *Ganesan (1994)* schlägt eine Zwei-Faktor-Lösung vor, die gemäß der dabei zugrunde liegenden Definition die Dimensionen Glaubwürdigkeit und Wohlwollen separat modelliert.[258] Auch *Doney* und *Cannon (1997)* gehen zunächst von einer mehrdimensionalen Konzeptualisierung aus. Innerhalb der empirischen Überprüfung des Modells sind die Ergebnisse in Bezug auf die Diskriminanz zwischen den Dimensionen Glaubwürdigkeit und Wohlwollen jedoch unzureichend.[259] So schreiben sie bezüglich der Konzeptualisierung, „Although credibility and benevolence could be conceptually distinct, […], they may be so intertwined that in practice they are operationally inseparable".[260] Auch in der genannten Studie von *Ganesan (1994)* besteht eine hohe Korrelation der Faktoren zueinander.[261]

Um Probleme sowie Ungenauigkeiten bei der empirischen Überprüfung der Daten zu vermeiden, wird in der vorliegenden Studie eine unidimensionale Konzeptualisierung vorgenommen. Diese Studie orientiert sich bei der Konzeptualisierung von Markenvertrauen an dem Ansatz von *Huber* und *Meyer (2008)*. Deren Studie vereint die Konzepte von *Gurviez* und *Korchia*

[254] Vgl. Kapitel 2.3.3. Definition von Markenvertrauen nach *Chaudhuri* und *Holbrook (2001)* in Anlehnung an *Moorman, Desphandé* und *Zaltman (1992, 1993)*.
[255] Vgl. Homburg/Giering (1998), S. 114 f.
[256] Vgl. Gehrer (2005), S. 152.
[257] Vgl. Anderson/Weitz (1989); Moorman/Deshpandé/Zaltman (1992/1993); Morgan/Hunt (1994).
[258] Vgl. Ganesan (1994), S. 2.
[259] Vgl. Doney/Cannon (1997), S. 43.
[260] Doney/Cannon (1997), S. 43.
[261] Vgl. Ganesan (1994), S. 8; Doney/Cannon (1997), S. 43.

(2002) sowie *Mayer*, *Davis* und *Schoorman (1995)*.[262] *Gurviez* und *Korchia (2001)* konzeptualisieren Vertrauen entlang der Dimensionen Glaubwürdigkeit, Wohlwollen und Integrität. *Mayer*, *Davis* und *Schoorman (1995)* verwenden ebenfalls Glaubwürdigkeit und Wohlwollen und ergänzen diese um die Dimension Kompetenz wie in in *Abbildung 7* graphisch dargestellt.

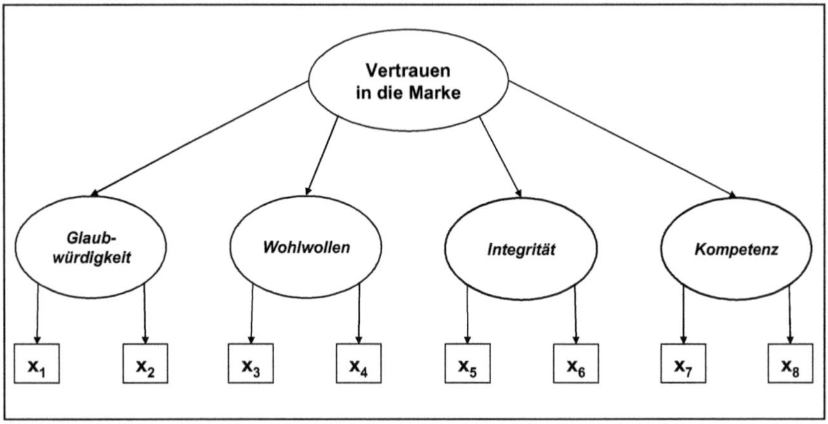

Abbildung 7: Konzeptualisierung von Vertrauen[263]

Dieser Ansatz reflektiert die in dieser Studie verwendete Definition von Vertrauen, insbesondere im Hinblick auf die Fähigkeit der Marke, ihre Funktion erfüllen zu können. Ferner berücksichtigt dieser Ansatz das der Definition innewohnende Verständnis von Markenvertrauen,[264] welches positive und wohlwollende Motive des Vertrauensnehmers gegenüber dem Vertrauensgeber beschreibt. Die Dimension der Glaubwürdigkeit reflektiert die wahrgenommene Fähigkeit der Marke, Produkte für die Bedürfnisse des Kunden anbieten zu können. Insbesondere spielt hierbei die wahrgenommene Expertise der Marke eine Rolle.[265] Gleichwohl zielt diese Dimension auf das Urteil des Konsumenten im Hinblick auf die Vertrauenswürdigkeit der Marke ab.[266] Wohlwollen umschreibt das Maß an Interesse und guten Absichten, das der Vertrauensnehmer für den Vertrauensgeber zeigt. Der Vertrauensnehmer, in diesem Fall die Marke, orientiert sich demnach nicht allein am Profit, sondern vornehmlich

262 Vgl. Mayer/Davis/Schoorman (1995); Gurviez/Korchia (2002); Huber/Meyer (2008).
263 In Anlehnung an Huber/Meyer (2008), S. 51.
264 Vgl. Kapitel 2.3.3.
265 Vgl. Gurviez/Korchia (2002), S. 7.
266 Vgl. Huber/Meyer (2008), S. 50.

am Kunden.[267] Die Attribution von Wohlwollen erlaubt es dem Verbraucher, weniger unsicher in die Zukunft zu blicken, da er die Gewissheit hat, dass seine Interessen berücksichtigt werden.[268] Die Dimension der Integrität spiegelt in starkem Maße Ehrlichkeit gegenüber dem Vertrauensgeber wider. Eine Marke wird als integer wahrgenommen, wenn sie versprochene Leistungen einhält.[269] Integrität beschreibt ebenso das Einhalten oder Befolgen von Wertmaßstäben, mit denen der Vertrauensgeber einverstanden ist.[270] Die Dimension der Kompetenz reflektiert Fähigkeiten, womit diese Dimension im Hinblick auf die Berücksichtigung von Fähigkeiten der Dimension Glaubwürdigkeit ähnelt. Allerdings sind Kompetenzen bereichsspezifisch, da es für den Vertrauensgeber ausreicht, wenn der Vertrauensnehmer in einem für ihn relevanten Bereich Fähigkeiten aufweist.[271]

3.3 Herleitung eines Hypothesensystems zur Relevanz von Markenvertrauen bei einer zielgerichteten Produktauswahl

3.3.1 Antezedenzien von Markenvertrauen

Das vorliegende Buch hat zum Ziel, die zentrale Relevanz von Vertrauen in eine Marke zu evaluieren. Vor dem Hintergrund dieser Fragestellung ist es für das Marketing-Management interessant, welche Einflussfaktoren den Aufbau von Vertrauen begünstigen. Es gilt, wirksame Stellhebel zu identifizieren, die als Ansatzpunkte für Marketing-Aktivitäten genutzt werden können. Im Folgenden werden drei Einflussfaktoren auf das Vertrauen in eine Marke erläutert, die als unabhängige Variablen modelliert werden und somit den Ausgangspunkt der Betrachtung darstellen.

Für den Aufbau von Vertrauen unterscheidet *Zucker (1986)* drei Arten, die mit jeweils unterschiedlichen Quellen von Vertrauen einhergehen. Die Autorin nennt dabei prozessbasiertes, eigenschaftsbasiertes und institutionenbasiertes Vertrauen.[272] Vor dem Hintergrund des interpersonalen Vertrauens ist vornehmlich prozessbasiertes Vertrauen bedeutsam, da es durch wiederholte Interaktion innerhalb einer zweiseitigen Beziehung gekennzeichnet ist und

[267] Vgl. Mayer/Davis/Schoorman (1995), S. 718.
[268] Vgl. Gurviez/Korchia (2002), S. 7.
[269] Vgl. Gurviez/Korchia (2002), S. 7.
[270] Vgl. Mayer/Davis/Schoorman (1995), S. 719.
[271] Vgl. Mayer/Davis/Schoorman (1995), S. 717.
[272] Vgl. Zucker (1986), S. 60. Die Begriffe process-based, charactersitic-based, institutional-based wurden aus dem Englischen adäquat übersetzt.

somit dem interpersonalen Vertrauenskonstrukt entspricht.[273] Die Entstehung von prozessbasiertem Vertrauen wird begünstigt durch vergangene Erfahrungen, aber auch durch die überlieferten Erfahrungen anderer Personen bzw. einer Reputation im Markt. Somit schlussfolgert *Zucker*, dass „[...] persons and firms make investments in process-based trust by creating positive 'reputations' or name brands".[274] Die Reputation als Einflussfaktor auf Vertrauen wurde bereits in den ersten empirischen Studien zu Vertrauen im ökonomischen Kontext untersucht. *Anderson* und *Weitz (1989)* prüfen die Auswirkung einer schlechten Reputation auf Vertrauen, wobei Reputation als faires Verhalten innerhalb einer Geschäftsbeziehung angesehen wird.[275] *Ganesan (1994)* kann innerhalb seiner Untersuchung den Zusammenhang von einer guten Reputation und Glaubwürdigkeit als eine Dimension von Vertrauen nachweisen.[276] Auch *Johson* und *Grayson (2005)* beschreiben Reputation als den Glauben des Kunden, dass das Unternehmen fair und ehrlich agiert.[277] Die gewonnen Ergebnisse dieser Studien lassen sich auf den Markenkontext übertragen. Eine Studie von *Lau* und *Lee* (1999) untersucht insbesondere das Vertrauen in eine Marke. Charakteristika einer Marke spielen eine zentrale Rolle für die Bildung von Vertrauen auf Seiten des Konsumenten. Nach Ansicht der Autoren fungiert die Reputation einer Marke dabei als wichtiges Element der Urteils- und Erwartungsbildung der Konsumenten.[278] Verbraucher werden Vertrauen zu einer Marke aufbauen und diese letztendlich kaufen, wenn sie sehen, dass andere Konsumenten ein gutes Bild von der Marke haben, respektive eine positive Reputation besteht.[279] Ebenso beinhaltet die Studie von *Huber*, *Regier* und *Vollhardt (2006)* Reputation der Marke als Determinante von Markenvertrauen in ihrem vorgestellten Kausalmodell.[280] Eine positive Reputation im Markt kann Vertrauen fördern. Bei einer schlechten Reputation wird ein Konsument jedoch vorsichtig und mit Vorbehalt auf die Marke reagieren.[281] In Anlehnung an die erwähnten Studien lässt sich folgende Hypothese herleiten.

Hypothese 1:
Je besser die Reputation der Marke, desto stärker das Markenvertrauen.

---

[273] Vgl. Johnson/Grayson (2000), S. 360.
[274] Zucker (1986), S. 61. Hervorhebung im Original.
[275] Vgl. Anderson/Weitz (1989), S. 313.
[276] Vgl. Ganesan (1994), S. 9.
[277] Vgl. Johnson/Grayson (2005), S. 502.
[278] Vgl. Lau/Lee (1999), S. 346.
[279] Vgl. Lau/Lee (1999), S. 346.
[280] Vgl. Huber/Regier/Vollhardt (2006), S. 237 f.
[281] Vgl. Huber/Regier/Vollhardt (2006), S. 238.

Ein weiterer Einflussfaktor auf das Vertrauen in eine Marke ist die Zufriedenheit mit der Marke. Das Konstrukt hängt in Bezug auf seine Konzeptualisierung eng mit der Leistungsqualität zusammen. Das Konzept der Kundenzufriedenheit wurde in der Literatur bereits ausgiebig behandelt, sodass ein Basismodell zur Erklärung von Zufriedenheit allgemein anerkannt ist.[282] Das so genannte Confirmation/Disconfirmation-Paradigma besagt, dass Konsumenten bestimmte Erwartungen bzw. einen Vergleichsstandard an die Leistung (Soll-Leistung) des Anbieters haben. Diese werden mit den tatsächlichen Leistungen (Ist-Leistung) abgeglichen. Erfüllt die wahrgenommene Leistung den Standard, auch im Sinne einer Übererfüllung, wird von Konfirmation gesprochen, d. h. aus dem Abgleich resultiert Kundenzufriedenheit.[283] Umgekehrt bedingt eine zu geringe Ist-Leistung Unzufriedenheit beim Kunden.[284]

Die Konsumerfahrung und die damit einhergehende Zufriedenheit gewinnt als wichtige Erklärungsvariable für das Vertrauen in die Marke immer mehr Bedeutung.[285] Im Sinne einer Gesamtzufriedenheit führt diese zu Vertrauen, da es die Erfüllung des Leistungsversprechens nachweist und die Marke somit den Kundeninteressen nachkommt. Die Studie von *Delgado-Ballester* und *Munuera-Aléman (2001)* modelliert die Gesamtzufriedenheit mit der Marke als zentralen Einflussfaktor auf Vertrauen.[286] Nach *Johnson* und *Grayson* beschreibt Zufriedenheit einen emotionalen Zustand, der sowohl durch einen kognitiven Prozess des Abgleichens von Leistungserfüllung als auch durch hervorgerufene Emotionen während der Konsumerfahrung ausgelöst wird.[287] Auf Basis von positiven Erfahrungen in der Vergangenheit wird das Gefühl gestärkt, dass die Marke auch in Zukunft ihre Leistungsversprechen einhalten wird. Dadurch wird Vertrauen in die Marke aufgebaut.[288] Insbesondere vor dem Hintergrund einer langfristigen Kundenbeziehung, kann Zufriedenheit die wahrgenommene Glaubwürdigkeit und Wohlwollen als zentrale Dimensionen von Vertrauen fördern.[289] Betrachtet man die Zufriedenheit als eine Evaluierung der gesamten vergangenen Konsumerfahrungen mit einer Marke,[290] kann nachstehende Hypothese abgeleitet werden.

[282] Vgl. Homburg/Koschate/Becker (2005), S. 1396.
[283] Vgl. Homburg/Koschate/Becker (2005), S. 1396; Huber/Regier/Vollhardt (2006), S. 239.
[284] Vgl. Homburg/Koschate/Becker (2005), S. 1396; Huber/Regier/Vollhardt (2006), S. 239.
[285] Vgl. Delgado-Ballester/Munuera-Aléman (2001), S. 1243.
[286] Vgl. Delgado-Ballester/Munuera-Aléman (2001), S .1243.
[287] Vgl. Johnson/Grayson (2005), S. 502.
[288] Vgl. Johnson/Grayson (2005), S. 502.
[289] Vgl. Lau/Lee (1999), S. 351; Ganesan (1994), S. 5.
[290] Vgl. Delgado-Ballester/Munuera-Aléman (2001), S. 1244.

Hypothese 2:

Je größer die Zufriedenheit mit der Marke, desto stärker das Markenvertrauen.

Als dritte Antezedenz von Vertrauen innerhalb des vorgestellten Modells wird eine offene Kommunikation als Variable eingeführt. Der Zusammenhang zwischen Kommunikation und Vertrauen wurde schon vielfach untersucht.[291] Bereits die Studie von *Anderson* und *Weitz* betont die Relevanz von Kommunikation als wichtiges Beziehungselement und untersucht eine wechselseitige Beeinflussung von Vertrauen und Kommunikation.[292] An dieser Stelle ist zu betonen, dass Kommunikation zum einen als Antezedenz sowie als Folge von Vertrauen untersucht wurde. So kann Kommunikation Vertrauen fördern, umgekehrt kann Vertrauen in einer Beziehung jedoch auch eine offene und gute Kommunikation bewirken.[293] Die Autoren *Anderson* und *Narus (1990)* sehen eine Beziehung als iterativen Prozess, wobei Kommunikation als notwendige Determinante für den Vertrauensaufbau fungiert. In den nachfolgenden Perioden führt aufgebautes Vertrauen wiederum zu offener Kommunikation. Da ihr vorgestelltes Modell statischer Natur ist und somit nur einen Ausschnitt der Beziehung zu einem beliebigen Zeitpunkt darstellt, kann sowohl vergangene als auch aktuelle Kommunikation einen Einfluss auf Vertrauen ausüben.[294] Das Modell in der vorliegenden Studie folgt diesen Überlegungen und integriert Kommunikation als Einflussfaktor auf Vertrauen. *Anderson* und *Narus (1990)* konnten einen signifikanten Einfluss von Kommunikation auf Vertrauen nachweisen.[295] Sie verstehen Kommunikation als das formelle oder informelle Teilen von bedeutsamen und zeitgerechten Informationen.[296] Auch die Studie von *Selnes (1998)* schließt sich diesem Verständnis von Kommunikation an und konnte ebenso einen signifikanten Einfluss des Konstruktes auf Vertrauen nachweisen.[297]

Da Vertrauen in der Vergangenheit als zentrales Konstrukt identifiziert wurde, soll es in das vorliegende Modell einfließen und in den Markenkontext übertragen werden. Zu diesem Zweck ist es notwendig hervorzuheben, dass eine zweiseitige Kommunikation, wie sie in den Studien beschrieben wurde, nur in begrenztem Maße anwendbar ist. Der Austausch von

[291] Vgl. Greschuchna (2006), S. 90.
[292] Vgl. Anderson/Weitz (1989), S. 313 ff.
[293] Vgl. Anderson/Narus (1990), S. 45.
[294] Vgl. Anderson/Narus (1990), S. 45.
[295] Vgl. Anderson/Narus (1990), S. 52.
[296] Vgl. Anderson/Narus (1990), S. 44.
[297] Vgl. Selnes (1998), S. 310 und S. 317.

Informationen zwischen der Marke und den Konsumenten ist insofern eingeschränkt, als dass Konsumenten Informationen empfangen können, in ihrem Antwortverhalten jedoch begrenzt sind. Der direkte Austausch zwischen Personen, wie in den beschriebenen Studien innerhalb direkter Geschäftsbeziehungen im B2B Bereich, ist somit nicht gegeben. Trotzdem sehen *Delgado-Ballester* und *Munuera-Aléman* auch den indirekten Kontakt des Konsumenten mit der Marke, so z. B. durch Werbung als Quelle von Vertrauen an.[298] Ferner wurde in den vergangenen Studien insbesondere auf das Bereitstellen von wichtigen Informationen der besser informierten Seite fokussiert.[299]

Hypothese 3:

Je offener die Kommunikation der Marke gegenüber den Verbrauchern, desto stärker das Markenvertrauen.

3.3.2 Vertrauen in die Marke

In der vorliegenden Studie nimmt das Konstrukt Vertrauen in die Marke eine zentrale Rolle ein. Es wird als Kernkonstrukt innerhalb des vorgeschlagenen Hypothesengefüges modelliert und stellt somit die Verbindung zwischen den beschriebenen potentiellen Stellhebeln des Marketing-Managements und dem zielorientierten Verhalten der Verbraucher dar. Ansatzpunkt hierbei sind die erläuterten Konstrukte PBC, mit den Komponenten Selbstwirksamkeit und PCB, und Ergebniserwartungen.

Als Quelle von Selbstwirksamkeitserwartungen nennt *Bandura (1997)* die verbale Überzeugung sowie das Adaptieren von Verhaltensweisen anderer Personen.[300] Eine Marke positioniert sich durch einzigartige Markenversprechen, Funktionen oder Gestaltung. Diese werden unter anderem durch Werbung als Problemlöser oder geeignetes Mittel zur Erreichung gewünschter Ziele für den Konsumenten kommuniziert. Die Marke suggeriert, dass der Verbraucher durch ihren Erwerb Fähigkeiten erlangt, die er benötigt, um seine Ziele zu

---

[298] Vgl. Delgado-Ballester/Munuera-Aléman (2001), S. 1243.

[299] Die Items zur Operationalisierung von Kommunikation fokussieren in der Studie von *Selnes* insbesondere auf das Bereitstellen von Informationen. Die Skala beinhaltet vier Items: (1) providing information that can be trusted, (2) providing information if delivery problems occur, (3) providing information of quality problems, (4) fulfilling their promises. Vgl. Selnes (1998), S. 313. *Anderson* und *Narus* führen folgendes Item exemplarisch auf: Manufacturer X lets our firm know as soon as possible of any unexpected problems with things such as lead times, delivery schedules, or product quality. Vgl. Anderson/Narus (1990), S. 49.

[300] Vgl. Kapitel 2.1.4.

erreichen. Der Konsument soll eine Steigerung der Selbstwirksamkeitserwartungen erfahren, herbeigeführt durch die Marke oder das Produkt. Innerhalb der vorliegenden Studie wird deshalb von induzierter Selbstwirksamkeit gesprochen. Innerhalb dieser Überzeugungsprozesse spielen jedoch insbesondere Aspekte der Glaubwürdigkeit und Kompetenz eine Rolle.[301] Beide Komponenten stellen gemäß der Konzeptualisierung innerhalb dieser Studie Dimensionen von Vertrauen dar. Verbale Überzeugung durch eine Marke kann nur dann erfolgreich sein, wenn der Konsument ihr vertraut. Austauschbeziehungen im Konsumgüterbereich sind unter anderem dadurch gekennzeichnet, dass sie ohne Verträge abgewickelt werden und der Konsument somit nicht gegen opportunistisches Verhalten des Verkäufers abgesichert ist.[302] Dadurch sieht sich der Verbraucher dem Risiko ausgesetzt, Produkte zu erwerben, die sich als nicht geeignet oder fehlerhaft erweisen. Wie in Kapitel 2.2 erläutert, ist es nicht immer möglich, vor bzw. nach dem Kauf, alle relevanten Produkteigenschaften zu evaluieren. Ebenso werden Konsumenten bedingt durch Transaktionskosten nicht endlos nach Informationen suchen. In dieser Situation asymmetrischer Informationen, kann Vertrauen eine geeignete Form der Problemlösung darstellen, da es als Mittel zur Komplexitätsreduktion angesehen wird. Ebenso kann Vertrauen die Erwartungen an positive Ergebnisse fördern und dem Verbraucher ein Gefühl von Sicherheit geben.[303] Somit wird im Folgenden erwartet, dass sich Markenvertrauen als geeignete Determinante von induzierter wahrgenommener Verhaltenskontrolle erweist.

In der empirischen Literatur finden sich vor allem im Bereich des E-Commerce Studien zu Vertrauen als wichtige Determinante innerhalb von Geschäftsbeziehungen. Eine Studie von *Pavlou* und *Chai (2002)* findet starke empirische Evidenz für den Einfluss von Vertrauen auf PBC und die Einstellung.[304] Die Ergebnisse der Untersuchung, auch hinsichtlich des Konstruktes Einstellung, können auf die vorliegende Studie übertragen werden. So reflektiert eine Einstellung Überzeugungen des Individuums hinsichtlich positiver oder negativer Ergebniserwartungen.[305] Ebenso testet die Studie von *Wu* und *Chen (2005)* Vertrauen als Prädiktor von PBC und Einstellung. Im Hinblick auf den Einfluss des Vertrauenskonstruktes erweisen sich die postulierten Hypothesen als signifikant.[306] Hat der Konsument Vertrauen in den

[301] Vgl. Kapitel 2.1.4.
[302] Vgl. Wu/Chen (2005), S. 788.
[303] Vgl. Wu/Chen (2005), S. 788.
[304] Vgl. Pavlou/Chai (2002), S. 248.
[305] Vgl. Scholz/Schwarzer (2005), S. 395.
[306] Vgl. Wu/Chen (2005), S. 796.

Verkäufer, ist es wahrscheinlicher, dass er weniger Risiko und einen größeren Nutzen aus dem Kauf erfährt. Die Autoren entnehmen die Überlegungen der sozial-kognitiven Theorie *Banduras (1986)* und dessen Erläuterungen zu Ergebniserwartungen und übertragen diese auf das Einstellungskonstrukt.[307] Da sich diese Studie direkt mit Ergebniserwartungen beschäftigt, können auch hier die Ergebnisse der Studie von *Wu* und *Chen (2005)* angewendet werden. Auch die Kontrollüberzeugungen des Individuums können durch Vertrauen gesteigert werden. Vertrauen beinhaltet die Zuversicht des Konsumenten, dass der Vertrauensnehmer sich nicht opportunistisch verhält und schafft somit ein Gefühl von Kontrolle auf Seiten des Verbrauchers.[308] Diese Überlegungen reflektieren ebenso die theoretische Konzeption des Konstruktes aus Kapitel 3.2.2. Die Dimension Wohlwollen reduziert das Gefühl von Unsicherheit, da der Konsument seine Interessen berücksichtigt sieht. Die Dimension Integrität betont Aufrichtigkeit und Ehrlichkeit des Vertrauensnehmers.[309] Die Studie von *Huber* und *Meyer (2008)* untersucht das Vertrauenskonstrukt innerhalb eines Markenkontextes, wobei die Autoren dem Vertrauenskonstrukt einen signifikanten Einfluss auf die Einstellung attestieren.[310] Aufgrund der Ähnlichkeit der Konstrukte können auch hier die Ergebnisse der Untersuchung auf die vorliegende Studie übertragen werden. Basierend auf den theoretischen Überlegungen *Banduras (1977, 1986, 1997)* sowie den Ergebnissen der empirischen Studien können nachfolgende Hypothesen formuliert werden.

Hypothese 4:

Je größer das Markenvertrauen, desto stärker die durch die Marke induzierte wahrgenommene Verhaltenskontrolle.

Hypothese 5:

Je größer das Markenvertrauen, desto stärker die positiven Ergebniserwartungen gegenüber der Marke.

[307] Vgl. Wu/Chen (2005), S. 790.
[308] Vgl. Pavlou/Chai (2002), S. 244; Wu/Chen (2005), S. 791.
[309] Vgl. Gurviez/Korchia (2002), S. 7.
[310] Vgl. Huber/Meyer (2008), S. 125.

3.3.3 Zielorientiertes Verhalten

Zur Herleitung der Wirkungszusammenhänge hinsichtlich zielorientierten Verhaltens, werden die Konstrukte Ergebniserwartungen sowie Kontrollüberzeugungen des Konsumenten näher beleuchtet. Insbesondere im Hinblick auf das Konstrukt wahrgenommene Verhaltenskontrolle ist es hilfreich, die vorgeschlagene Konzeptualisierung mit den innewohnenden Komponenten zu berücksichtigen. Die Überlegungen innerhalb dieser Studie stützen sich zunächst auf das sozial-kognitive Prozessmodells des gesundheitlichen Handelns nach *Schwarzer (2008)*. Innerhalb der motivationalen Phase spielen vor allem Selbstwirksamkeitserwartungen und Ergebniserwartungen eine Rolle.[311] So schreibt er, dass „Perceived self-efficacy operates in concert with positive outcome expectancies both of which contribute substantially to forming an intention".[312] Positive Ergebniserwartungen erweisen sich laut *Schwarzer (2008)* als ausreichend zur Vorhersage der Intentionsbildung während negative Ergebniserwartungen nicht wesentlich zur Varianzerklärung beitragen.[313] Im Folgenden wird daher nur von positiven Ergebniserwartungen gesprochen. Eine Studie von *Sheeshka* und *Woolcott (1993)* integriert die sozial-kognitiven Konstrukte Ergebniserwartungen und Selbstwirksamkeitserwartungen nach *Bandura (1986)* in ein Modell zur Erklärung von Verhaltensabsichten im Kontext von gesunder Ernährung. Die Bildung einer Intention stellt hierbei die Zielgröße dar. Insbesondere Selbstwirksamkeitserwartungen werden als wichtiger Einflussfaktor zur Bildung einer Intention empirisch bestätigt.[314]

Ebenso wird der Zusammenhang der beiden Konstrukte von *Sheeshka* und *Woolcott (1993)* untersucht. Hierbei erweist sich der Einfluss von Ergebniserwartungen auf Selbstwirksamkeitserwartungen als signifikant. Urteile über mögliche Konsequenzen einer Handlung können Überzeugungen über die eigene Handlungsfähigkeit positiv beeinflussen.[315] Die Autoren beschreiben zwei Möglichkeiten zur Beeinflussung durch Ergebniserwartungen. Zum einen wirken sie direkt auf die Intention, ein bestimmtes Verhalten ausüben zu wollen. Zum anderen wirken sie indirekt über Selbstwirksamkeit, die wiederum Intentionen determinie-

---

[311] Vgl. Schwarzer (2008), S. 6 f. In dem Modell beeinflusst ebenso die „Risk Perception" die Bildung einer Zielintention. Da diese als schwacher Prädiktor angesehen wird und eher einen Bereitschaftszustand beschreibt, wird sie hier in Form einer Zusatzfrage als „wahrgenommene Betroffenheit" abgefragt und in der Interpretation der Daten berücksichtigt. Vgl. Tabelle 41 im Anhang.

[312] Schwarzer (2008), S. 7.

[313] Vgl. Schwarzer (2008), S. 10.

[314] Vgl. Sheeshka/Woolcott (1993), S. 1560.

[315] Vgl. Sheeshka/Woolcott (1993), S. 1561.

ren.[316] Der direkte postulierte Zusammenhang zwischen Ergebniserwartungen und der Intentionsbildung erweist sich innerhalb der Studie als nicht signifikant. Die Autoren merken an, dass hinsichtlich der Messung weit entfernte, nicht direkt spürbare Konsequenzen im Fokus der Betrachtung stehen und sich die Integration direkter Konsequenzen lohnen könnte.[317]

Die folgenden Studien greifen auf eine globalere Messung des Konstruktes zurück. Die Autoren *Bagozzi* und *Edwards (1998, 2000)* sowie *Bagozzi* und *Dholakia (1999)* befassen sich in empirischen Studien zur Reduktion des Körpergewichts mit zielorientiertem Verhalten. Die Reduktion des Körpergewichts stellt hierbei das Basis-Ziel dar, das durch tiefer liegende konkrete Ziele, wie dem Ausüben von Sport oder dem Befolgen von Diäten, erreicht werden kann.[318] Innerhalb des Rubikon-Modells wird vorausgesetzt, dass nach der prädezisionalen Phase bereits eine Auswahl der Mittel zur Zielerreichung erfolgt ist.[319] Die Autoren fokussieren ebendiese Beurteilung geeigneter Mittel zur Zielerreichung. Ausgehend von dem Basis-Ziel sucht der Konsument nach Wegen der Zielerreichung. Dieser hat beispielsweise die Auswahl zwischen der Mitgliedschaft in einem Sportclub oder dem Kauf eines Geräts, das, bei nur 15 Minuten Anwendung pro Tag, laut Hersteller zu Gewichtsverlust führt. Die vorliegende Studie beschäftigt sich mit Auswahlprozessen verschiedener Mittel, in Form von Marken, zur Zielerreichung. Jedoch wird dieser Auswahlprozess als konkretes Ziel, welches sich eine hierarchische Ebene tiefer ansiedelt, konzeptualisiert. Konkrete Ziele werden ebenso als Mittel zur Erreichung von übergeordneten Zielen angesehen.[320] Die Ergebnisse der Studien lassen sich auch auf den vorliegenden Kontext übertragen. Innerhalb der Beurteilungsprozesse werden nach *Bagozzi* und *Edwards (2000)* eigene Fähigkeiten zur Zielerreichung evaluiert. Diese repräsentieren das Konstrukt der Selbstwirksamkeit. Neben internen Überzeugungen spielen Einschätzungen über die Wahrscheinlichkeit der Zielerreichung eine Rolle. Zielorientiertes Verhalten wird durch Ergebniserwartungen determiniert.[321] Die Ergebnisse der Studie belegen einen empirisch signifikanten Einfluss der genannten Konstrukte auf das zielorientierte Verhalten.[322] Innerhalb der Studie von *Bagozzi* und *Edwards (1998)* wird das Konstrukt *Goal Efficacy* untersucht. Es bringt die Einschätzung über die Wahrscheinlich-

[316] Vgl. Sheeshka/Woolcott (1993), S. 1562.
[317] Vgl. Sheeshka/Woolcott (1993), S. 1561.
[318] Vgl. Bagozzi/Dholakia (1999), S. 23 f.;Bagozzi/Edwards (2000), S. 255 f.
[319] Vgl. Bagozzi/Edwards (2000), S. 257.
[320] Vgl. Pieters/Baumgartner/Allen (1995), S. 228; Baumgartner/Pieters (2008), S. 371.
[321] Vgl. Bagozzi/Edwards (2000), S. 257
[322] Vgl. Bagozzi/Edwards (2000), S. 263 f.

keit der Zielerreichung des Konsumenten zum Ausdruck. Die Autoren schreiben, „It is similar to self-efficacy and perceived behavioral control except that, instead of performance over a behavior, it refers to goal achievement".[323] Auch diese Studie bescheinigt dem Konstrukt einen direkten signifikanten Einfluss auf die Bildung einer Zielintention. So wird der Konsument insbesondere dann eine Zielintention bilden, wenn er der Meinung ist dieses Ziel auch erreichen zu können.[324] In der vorliegenden Studie wird der Kauf eines Produktes als zielorientiertes Verhalten verstanden. In Anlehnung an die genannten Studien lassen sich nachstehende Hypothesen ableiten.

Hypothese 6:

Je stärker die positiven Ergebniserwartungen gegenüber der Marke, desto stärker die induzierte wahrgenommene Verhaltenskontrolle.

Hypothese 7:

Je stärker die induzierte wahrgenommene Verhaltenskontrolle durch die Marke, desto höher die Kaufabsicht.

Hypothese 8:

Je stärker die positiven Ergebniserwartungen gegenüber der Marke, desto höher die Kaufabsicht.

3.3.4 Moderierende Variablen

Gegenstand dieses Kapitels sind nun moderierende Effekte innerhalb des postulierten Modells. Es soll geprüft werden, ob sich signifikante Unterschiede im Hinblick auf die Stärke der postulierten Zusammenhänge identifizieren lassen. Dies geschieht vor allem zur Berücksichtigung des zielorientierten Verhaltens. Gemäß den Erläuterungen in Kapitel 2.1 manifestieren sich Ziele neben ihrer Erreichbarkeit ebenso durch ihren Inhalt, ihre Wichtigkeit und ihre Begehrtheit (vgl. *Abbildung 2*).[325] Im Folgenden werden Moderatoren formuliert, die versuchen, diese Zieleigenschaften abzubilden, um so ein differenziertes Bild des postulierten Hypothesensystems zu ermöglichen.

[323] Bagozzi/Edwards (1998), S. 597.
[324] Vgl. Bagozzi/Edwards (1998), S. 603.
[325] Vgl. Baumgatner/Pieters (2008), S. 368 f.

Zunächst wird der Moderator Motiv eingeführt, um den möglichen Zielinhalt eines Konsumenten näher zu beleuchten. Innerhalb der vorliegenden Studie ist das zugrunde liegende Ziel für den Kauf einer Marke von Interesse. Es wird angenommen, dass Ziele Kaufentscheidungen determinieren und Konsumenten dabei Marken oder Produkte als Mittel zur Zielerreichung betrachten. An dieser Stelle scheint es interessant, unterschiedliche Basis-Ziele als Ausgangspunkte zu identifizieren, die letztlich konkrete Ziele, hier die Kaufentscheidung, beeinflussen. Übergeordnete Ziele des Konsumenten können Ansatzpunkte für relevante Kriterien hinsichtlich einer Kaufentscheidung liefern.[326] Beim Kauf einer Marke können verschiedene Kriterien eine Rolle spielen und auch Zielkonflikte können auftreten.[327] So kann beispielsweise der Preis eine große Rolle bei der Entscheidung spielen, jedoch steht dem eventuell der Wunsch nach hoher Qualität oder Streben nach Prestige gegenüber. Je nach Motiv werden unterschiedliche Kriterien relevant sein. Somit wird je nach Ziel auch die Überprüfung der Eignung eines Produktes, also die Zweck-Mittel-Beziehung, ein anderes Ergebnis für den Konsumenten bringen.

> Hypothese 9:
>
> In Abhängigkeit des Kaufmotivs werden sich die vorgestellten Zusammenhänge des Modells hinsichtlich ihrer Stärke signifikant voneinander unterscheiden.

Als weitere moderierende Variable wird das Alter in die Untersuchung mit einbezogen. Das Alter oder der aktuelle Lebensabschnitt, in dem sich ein Konsument befindet, können sich auf das Konsumpotential eines Menschen auswirken. Wünsche und Bedürfnisse verändern sich im Laufe der Zeit und mit zunehmendem Alter.[328] Ebenso schafft die Zeit, in der man aufgewachsen ist, ein Gefühl der Verbundenheit mit Menschen gleichen Alters. Oftmals ändern sich Bedürfnisse und Präferenzen gleichgerichtet mit anderen Personen derselben Altersgruppe. Das Alter eines Menschen determiniert in einem hohen Maße seine Identität.[329] So können beispielsweise Ziele einer Generation stark differieren, da Menschen gleichen Alters ähnliche Erlebnisse und Wertvorstellungen teilen.[330]

[326] Vgl. Bagozzi/Dholakia (1999), S. 22.
[327] Vgl. Pieters/Baumgartner/Allen (1995), S. 228.
[328] Vgl. Kotler/Keller/Bliemel (2007), S. 369.
[329] Vgl. Solomon (2009), S. 574.
[330] Vgl. Solomon (2009), S. 574.

Unternehmen nutzen oft das Alter ihrer Konsumenten als demographische Segmentierungsvariable, um Produkte und Dienstleistungen zielgruppengerecht zu gestalten.[331] Die Studie von *Chambers et al. (2008)* zeigt auf, dass das Alter einen wesentlichen Einfluss auf die Auswahl von Lebensmitteln hat. Menschen höheren Alters sind reicher an Erfahrung und haben mehr einschneidende Erlebnisse wie Hochzeit, Krankheiten oder Tod bereits erlebt. Dies prägt die Identität eines Menschen im Zeitablauf und verändert Gewohnheiten. Somit kann das Alter als Determinante für die Auswahl von Produkten fungieren.[332] Basierend auf diesen Erkenntnissen wird folgende Hypothese formuliert.

Hypothese 10:

In Abhängigkeit des Alters werden sich die vorgestellten Zusammenhänge des Modells hinsichtlich ihrer Stärke signifikant voneinander unterscheiden.

Im Folgenden wird die Rolle des Involvements mit dem Ziel näher beleuchtet. Nach *Trommsdorff (2009)* kann Involvement definiert werden als „[...] Aktivierungsgrad bzw. die Motivstärke zur objektgerichteten Informationssuche, -aufnahme, -verarbeitung und -speicherung".[333] *Zaichkowsky (1985)* versteht darunter, "A person's perceived relevance of the object based on inherent needs, values, and interests".[334] Anhand dieser Definitionen wird deutlich, dass Involvement die Wichtigkeit eines Objektes erfasst. Der Grad der Aktivierung kann in einem engen Zusammenhang mit Zielen und Werten des Konsumenten gesehen werden.[335] Ebenso resultiert aus dem Grad des Involvements gemäß *Trommsdorff (2009)* eine Variation der Informationsverarbeitung. Das Involvement kann zwei unterschiedliche Ausprägungsniveaus aufweisen. Man spricht hierbei von Low- oder High-Involvement.[336] Anhand dieser Differenzierung können Kaufentscheidungen kategorisiert werden. High-Involvement Käufe sind von hohem Stellenwert für den Konsumenten, sodass er dafür auch Risiken in Kauf nimmt. Innerhalb dieser komplexen Entscheidungsprozesse wird Zeit und Energie in die Produktauswahl investiert.[337] Im Gegensatz dazu sind Low-Involvement Käufe durch ein geringes Maß an Komplexität gekennzeichnet. Sie weisen keine hohe Relevanz für

[331] Vgl. Kotler/Keller/Bliemel (2007), S. 369.
[332] Vgl. Chambers et al. (2008), S. 357.
[333] Trommsdorff (2009), S. 49.
[334] Zaichkowsky (1985), S. 343.
[335] Vgl. Celsi/Olson (1988), S. 223; Baumgartner/Pieters (2008), S. 369.
[336] Vgl. Trommsdorff (2009), S. 49.
[337] Vgl. Meffert/Burmann/Kirchgeorg (2008), S. 109.

den Konsumenten auf und dementsprechend sind diese Entscheidungen mit einem geringeren Risiko verbunden.[338] Es gilt als allgemein anerkannt, dass Konsumenten eher involviert sind, wenn das Bezugsobjekt mit einem wichtigen Ziel verknüpft ist. Ein Zusammenhang zwischen Zielen und Involvement liegt nahe.[339] Die vorliegende Studie konzentriert sich auf die Wirkungszusammenhänge zwischen dem Markenvertrauen und dem zielgerichtetem Verhalten des Konsumenten. Vertrauen spielt insbesondere eine Rolle, wenn der betreffende Betrachtungsgegenstand von Wichtigkeit für den Konsumenten ist.[340] Ebendies kommt durch den Grad des Involvements zum Ausdruck. So lässt dies vermuten, dass die Wirkung auf das zielgerichtete Verhalten signifikant durch den Grad des Involvement moderiert wird. In Anlehnung an diese Überlegungen wird folgende Hypothese postuliert.

Hypothese 11:

In Abhängigkeit des Involvement mit dem Ziel werden sich die vorgestellten Zusammenhänge zwischen Markenvertrauen und den nachfolgenden Konstrukten hinsichtlich ihrer Stärke signifikant voneinander unterscheiden.

Schließlich wird, ähnlich zu der Vorgehensweise für das Involvement, ein weiterer moderierender Effekt auf den Wirkungszusammenhang zwischen dem Vertrauen in die Marke und den nachgelagerten zielorientierten Verhaltenskomponenten untersucht. Es wird angenommen, dass die antizipierten positiven Emotionen eines Konsumenten hinsichtlich des Zieles die Stärke des Zusammenhangs moderieren. Durch die Integration dieses Effektes soll die Begehrtheit des Zieles zum Ausdruck kommen. So schreiben *Baumgartner* und *Pieters (2008)*, dass „[...] the affect associated with a goal is an important determinant of goal desirability [...]".[341] Ebenso schreibt *Bandura (1997)*, „positive emotions increase the availability of thought about personal success".[342] Dies lässt die Vermutung zu, dass ein Einfluss auf diesen Wirkungszusammenhang möglich ist. Somit wird folgende Hypothese formuliert.

338 Vgl. Meffert/Burmann/Kirchgeorg (2008), S. 109.
339 Vgl. Pieters/Baumgartner/Allen (1995), S. 231.
340 Vgl. Kapitel 2.3.2.
341 Baumgartner/Pieters (2008), S. 369.
342 Bandura (1997), S. 281.

Hypothese 12:

In Abhängigkeit der antizipierten positiven Emotionen werden sich die vorgestellten Zusammenhänge zwischen dem Markenvertrauen und den nachfolgenden Konstrukten hinsichtlich ihrer Stärke signifikant voneinander unterscheiden.

Nachstehende *Tabelle* gibt einen Überblick über die postulierten Modellzusammenhänge. *Abbildung 8* verdeutlicht das formulierte Kausalmodell noch einmal graphisch.

Hypothese	Postulierter Zusammenhang
H1	Je besser die Reputation der Marke, desto stärker das Markenvertrauen.
H2	Je größer die Zufriedenheit mit der Marke, desto stärker das Markenvertrauen.
H3	Je offener die Kommunikation der Marke gegenüber den Verbrauchern, desto stärker das Markenvertrauen.
H4	Je größer das Markenvertrauen, desto stärker die durch die Marke induzierte wahrgenommene Verhaltenskontrolle.
H5	Je größer das Markenvertrauen, desto stärker die positiven Ergebniserwartungen gegenüber der Marke.
H6	Je stärker die positiven Ergebniserwartungen gegenüber der Marke, desto stärker die induzierte wahrgenommene Verhaltenskontrolle.
H7	Je stärker die induzierte wahrgenommene Verhaltenskontrolle durch die Marke, desto höher die Kaufabsicht.
H8	Je stärker die positiven Ergebniserwartungen gegenüber der Marke, desto höher die Kaufabsicht.
H9	In Abhängigkeit des Kaufmotivs werden sich die vorgestellten Zusammenhänge des Modells hinsichtlich ihrer Stärke signifikant voneinander unterscheiden.
H10	In Abhängigkeit des Alters werden sich die vorgestellten Zusammenhänge des Modells hinsichtlich ihrer Stärke signifikant voneinander unterscheiden.
H11	In Abhängigkeit des Involvements mit dem Ziel werden sich die vorgestellten Zusammenhänge zwischen Markenvertrauen und den nachfolgenden Konstrukten hinsichtlich ihrer Stärke signifikant voneinander unterscheiden.
H12	In Abhängigkeit der antizipierten positiven Emotionen werden sich die Wirkungszusammenhänge zwischen dem Markenvertrauen und den nachfolgenden Konstrukten hinsichtlich ihrer Stärke signifikant voneinander unterscheiden.

Tabelle 1: Hypothesensystem im Überblick

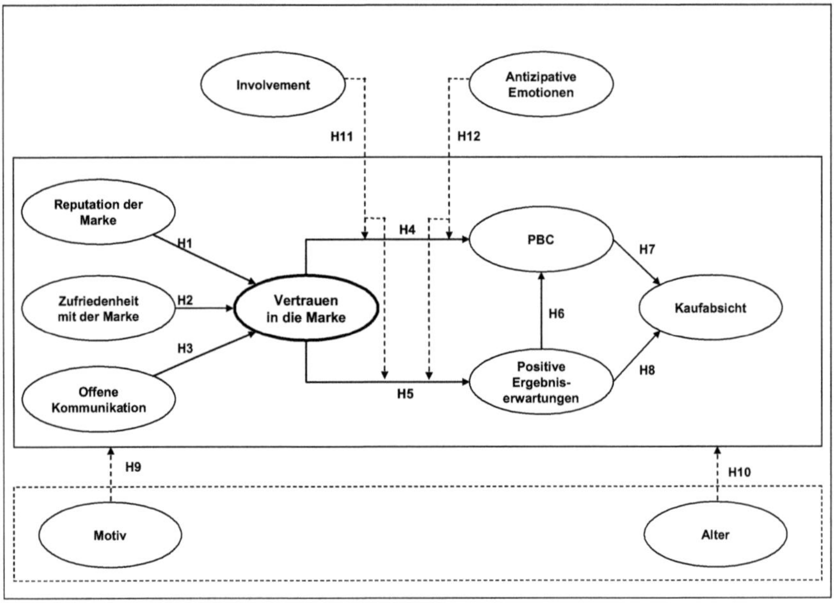

Abbildung 8: Modellzusammenhänge im Überblick

4 Empirische Überprüfung des Modells zur Rolle von Markenvertrauen bei der Erreichung von Konsumzielen

4.1 Grundlagen der Modellschätzung

4.1.1 Strukturgleichungsmodelle

Dem Einsatz von Modellen zur Erläuterung und Prognose komplexer Zusammenhänge kommt in Wissenschaft und Praxis eine hohe Relevanz zu.[343] Die auf Basis von Theorien oder Plausibilitätsüberlegungen postulierten Zusammenhänge innerhalb eines Modells sollen einer empirischen Prüfung unterzogen werden. In Abhängigkeit der Komplexität der aufgestellten Zusammenhänge, ist eine geeignete Prüfmethodik zu wählen. Komplexe Modelle bestehen meist aus mehreren abhängigen Variablen, die wiederum durch Kausalitäten untereinander gekennzeichnet sind.[344] Zur Abbildung vielschichtiger Sachverhalte dienen Strukturgleichungsmodelle als adäquates Mittel. Innerhalb von Strukturgleichungsmodellen werden abhängige Variablen als endogen bezeichnet, da sie durch Größen innerhalb des Modells determiniert werden und die Besonderheit aufweisen, dass auch zwischen ihnen Kausalzusammenhänge bestehen können. Daraus resultiert ein hohes Maß an Flexibilität in Bezug auf die Modellierung.[345] Größen, deren Erklärung nicht durch das Modell erfolgt, werden als exogene Variablen bezeichnet.[346]

Dependenzverfahren, wie z. B. die multiple Regressionsanalyse reichen nicht aus, um diese postulierten Zusammenhänge adäquat abzubilden, da lediglich eine abhängige Variable bei mehreren unabhängigen Variablen betrachtet werden kann.[347] Ferner weist die Regressionsanalyse den Nachteil auf, dass sie von einer fehlerfreien Messung der Variablen ausgeht. Diese Annahme ist bei empirischen Arbeiten als nicht realistisch einzustufen.[348] Zum Beispiel kann das Problem der Multikollinearität auftreten, d. h. es besteht eine Korrelation der unabhängigen Variablen untereinander. Die Regressionsanalyse geht jedoch davon aus, dass zwischen den unabhängigen Variablen keine Beziehung besteht, sodass die Multikollinearität zu einer Verzerrung der Schätzparameter führt.[349] Demgegenüber ermöglichen Strukturgleichungsmodelle die Abbildung komplexer Beziehungen mit dem Ziel einer Simultan-

[343] Vgl. Backhaus et al. (2008), S. 511.
[344] Vgl. Backhaus et al. (2008), S. 511.
[345] Vgl. Homburg (1992), S. 501.
[346] Vgl. Backhaus et al. (2008), S. 512.
[347] Vgl. Backhaus et al. (2008), S. 511.
[348] Vgl. Homburg (1992), S. 499.
[349] Vgl. Homburg (1992), S. 499.

überprüfung aller Wirkungshypothesen. Man unterscheidet hierbei zwei Arten in Abhängigkeit der Messbarkeit der modellierten Variablen. Sind diese direkt messbar, spricht man von manifesten Variablen. Entziehen sich dagegen die Variablen einer direkten Messbarkeit, spricht man von so genannten latenten Variablen oder hypothetischen Konstrukten. Diese Form von Strukturgleichungsmodellen wird auch Kausalanalyse genannt.[350] Diese gilt als derzeit leistungsfähigstes Verfahren zur Analyse von Abhängigkeitsstrukturen.[351] Das Kausalmodell besteht aus drei Submodellen: dem Strukturmodell und einem endogenen und exogenen Messmodell.[352] Das Strukturgleichungsmodell spezifiziert die Beziehungen zwischen den latenten endogenen und exogenen Konstrukten. Für die endogenen und exogenen Konstrukte wird jeweils ein Messmodell erstellt, da die hypothetischen Variablen nicht direkt beobachtbar sind und über geeignete Indikatorvariablen operationalisiert werden müssen.[353]

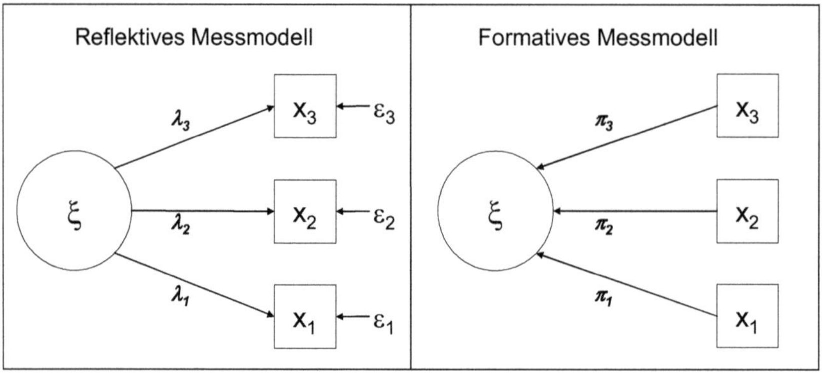

Abbildung 9: Reflektives und formatives Messmodell[354]

Die Beziehung zwischen den direkt messbaren Indikatorvariablen und den latenten Variablen kann entweder reflektiv oder formativ gestaltet sein. Spiegeln die Indikatoren X_i, wie in *Abbildung 9* (linke Seite) gezeigt, den Wert des Konstruktes ξ wider, so spricht man von einem reflektiven Messmodell. Ändert sich der Wert des Konstruktes ξ, so werden sich auch gleichzeitig die Ausprägungen der Indikatorvariablen ändern.[355] Die Korrelation zwischen

[350] Vgl. Backhaus et al. (2008), S. 512 f.
[351] Vgl. Homburg (1992), S. 499.
[352] Vgl. Huber et al. (2007), S. 3.
[353] Vgl. Backhaus et el. (2008), S. 513.
[354] In Anlehnung an Herrmann/Huber/Kressmann (2006), S. 36.
[355] Vgl. Huber et al. (2007), S. 20.

Konstrukt und Indikator liegt dabei unter Eins, bedingt durch den zufälligen Messfehler ε_i. Liegt eine formative Operationalisierung des Konstruktes ξ, zugrunde, repräsentiert ein Indikator X_i eine konstituierende Eigenschaft des Konstruktes, wie in *Abbildung 9* (rechte Seite) für das formative Messmodell dargestellt. Die Menge der Indikatoren formt das Konstrukt. Somit erfolgt bei einer Änderung des Konstruktwertes, keine simultane Änderung aller Indikatoren.[356] In der betriebswirtschaftlichen Forschung wurde die Auswahl eines passenden Messmodells zur Operationalisierung der latenten Konstrukte lange Zeit vernachlässigt. Fast alle Messmodelle werden reflektiv operationalisiert.[357] Eine Untersuchung von *Jarvis, MacKenzie* und *Podsakoff (2003)* zeigt, dass ein Drittel der publizierten Messmodelle in Marketingfachzeitschriften nicht korrekt spezifiziert sind.[358] Die Autoren schlagen insgesamt vier Entscheidungsregeln zur Differenzierung von formativen und reflektiven Konstrukten vor. Die Autoren nennen die Richtung der Kausalität, Austauschbarkeit der Indikatoren, Kovarianz der Indikatoren sowie das nomologische Netz der Indikatoren als Entscheidungskriterien. Untersuchungen haben jedoch gezeigt, dass als Entscheidungskriterium über ein reflektives oder formatives Messmodell die kausale Richtung zwischen Indikator und Konstrukt ausschlaggebend ist.[359]

4.1.2 Der Partial Least Squares Ansatz als geeignetes Schätzverfahren

Grundsätzlich stehen für die Schätzung von Strukturgleichungsmodellen kovarianzbasierte oder varianzbasierte Verfahren zur Verfügung.[360] Bei kovarianzbasierten Verfahren basiert die Schätzung der Modellparameter auf einer möglichst guten Reproduktion der Kovarianzmatrix der Indikatoren.[361] Die Schätzung erfolgt meist mit Hilfe von den in der ökonomischen Literatur weit verbreiteten Schätzverfahren LISREL, AMOS oder EQS.[362] Das varianzbasierte Verfahren, auch als PLS-Ansatz (Partial Least Squares) bekannt, zielt auf die bestmögliche Reproduktion der tatsächlichen Datenstruktur ab. Hierbei wird die erkläre Varianz der abhängigen Variablen im Strukturmodell sowie die erklärte Varianz der Indikatoren im Messmodell

[356] Vgl. Huber et al. (2007), S. 20.
[357] Kovarianzbasierte Schätzverfahren gehen standardmäßig von einer reflektiven Operationalisierung aus. Vgl. Fassott/Eggert (2005), S. 32. Zu der Eignung von Schätzverfahren vgl. Kapitel 4.1.2.
[358] Vgl. Jarvis/MacKenzie/Podsakoff (2003); Fassott/Eggert (2005), S. 32.
[359] Vgl. Fassott/Eggert (2005), S. 46; Huber et al. (2007), S.19 f.
[360] Vgl. Homburg/Pflesser/Klarmann (2008), S. 571.
[361] Vgl. Herrmann/Huber/Kressmann (2006), S. 37.
[362] Vgl. Matthes (2009), S. 124.

maximiert.[363] Da insbesondere bei den Schätzern des Modells eine möglichst genaue Reproduktion der Datenmatrix von Interesse ist, liefert das varianzbasierte Schätzverfahren PLS bessere Werte und verfügt somit über eine höhere Prognosefähigkeit.[364]

Die Schätzverfahren stellen unterschiedliche Prämissen an die Verteilung der Daten, den Umfang der Stichprobe und die Operationalisierung der Konstrukte. Zunächst ist zu betonen, dass PLS als varianzbasiertes Verfahren bereits mit kleinen Stichproben sinnvolle Ergebnisse bezüglich der Schätzungen liefert. Als Daumenregel sollte bei dem Umfang der Stichprobe jedoch darauf geachtet werden, dass mindestens zehnmal so viele Probanden an der Studie teilnehmen, wie Indikatoren verwendet wurden. Für den Fall, dass sehr viele Indikatoren zur Operationalisierung dienen, sollten mindestens fünfmal so viele Personen an der Studie teilnehmen.[365] Innerhalb kovarianzbasierter Schätzalgorithmen führt eine geringe Stichprobengröße meist zu Problemen, da die Güte des Modells unter der kleinen Stichprobe leidet.[366] Im Gegensatz zu den kovarianzbasierten Verfahren, ist bei dem PLS-Ansatz ferner von Vorteil, dass kein Anspruch auf Normalverteilung der Eingangsdaten gestellt ist. Mit dem Verzicht auf Verteilungsannahmen geht jedoch eine Einschränkung der Signifikanzaussagen einher. Es ist zu beachten, dass Aussagen diesbezüglich nur mit den so genannten Resampling-Methoden des Bootstrapping oder Jackknifing möglich sind.[367] Hierbei wird eine Quasi-Grundgesamtheit durch das Zusammenfassen mehrer Unterstichproben gebildet. Diese werden wiederum durch mehrmaliges zufälliges Ziehen mit Zurücklegen aus der Stichprobe gebildet, die als Grundgesamtheit interpretiert wird.[368] Auf Basis der so erzeugten Grundgesamtheit werden Signifikanzwerte berechnet. Diese sind jedoch im Hinblick auf ihre Zuverlässigkeit der Schätzung mit auf normalverteilten Daten unterlegen.[369]

Vor dem Hintergrund der Unterscheidung in reflektive und formative Konstrukte ist hervorzuheben, dass der PLS-Schätzalgorithmus eine problemlose Einbindung formativ operationalisierter Konstrukte ermöglicht. Bei den Verfahren der Kovarianzanalyse ist dies nur durch einen Umweg möglich. Da kovarianzbasierte Verfahren auf dem Modell einer Faktoren-

[363] Vgl. Herrmann/Huber/Kressmann (2006), S. 37.
[364] Vgl. Huber et al. (2007), S. 10.
[365] Vgl. Peter (1979), S. 16.
[366] Vgl. Herrmann/Huber/Kressmann (2006), S. 39.
[367] Vgl. Herrmann/Huber/Kressmann (2006), S. 39.
[368] Vgl. Herrmann/Huber/Kressmann (2006), S. 40.
[369] Vgl. Herrmann/Huber/Kressmann (2006), S. 40.

analyse beruhen, ist ein formatives Konstrukt über eine Zahl an einzelnen Konstrukten, die den formativen Indikatoren entsprechen, zu modellieren. Das Forschungsanliegen der vorliegenden Studie ist es, die modellierte Zielgröße sowie das Kernkonstrukt Markenvertrauen zu erklären und relevante Einflussfaktoren zu identifizieren. Darauf basierend sollen schließlich Stellhebel für das Marketing-Management abgeleitet werden. Vor dem Hintergrund dieser managementorientierten Fragestellung, bietet sich die Verwendung eines varianzbasierten Verfahrens an.[370] Ferner verhindert die Anwendung von PLS voreilige Schlüsse in Bezug auf die Verbindung zweier Konstrukte, da es die Eigenschaft besitzt, die Zusammenhänge auf Strukturmodellebene zu unterschätzen.[371] Auch die bereits beschriebenen Vorteile einer kleineren Stichprobe sowie die Anforderungen an die Verteilung der Daten, sprechen für die Wahl von PLS als geeignetem Schätzalgorithmus für die vorliegende Studie.

4.1.3 Gütekriterien des Partial Least Squares Ansatzes

Bei der Beurteilung der Güte wird analog zu den Submodellen eines Strukturgleichungsmodells mit latenten Variablen zwischen Gütekriterien auf Strukturmodellebene und Gütekriterien auf formativer sowie reflektiver Messmodellebene differenziert.[372] Die Überprüfung erfolgt im Rahmen von PLS sequentiell. Zunächst wird die Güte des Messmodells geprüft, um im Anschluss die Validität und Reliabilität des Strukturmodells zu messen. Diese Vorgehensweise stellt sicher, dass bei der Analyse der Konstruktzusammenhänge keine Fehlinterpretationen erfolgen, da diese auf Basis einer reliablen und validen Messung der Konstrukte basiert.[373]

Reflektive Messmodelle

Die Überprüfung auf Messmodellebene erfolgt durch die Beurteilung der Indikatorreliabilität, der Konvergenzvalidität zwischen Indikatoren und dem jeweiligem zu messenden Konstrukt sowie der Diskriminanzvalidität.[374] In Abhängigkeit der zugrunde liegenden Operationalisierung des Konstruktes interessieren unterschiedliche Parameter zur Beurteilung der Güte.[375] Für reflektive Konstrukte ist die Höhe der Ladungen der Indikatoren auf das jeweilige latente

[370] Vgl. Huber et al. (2007), S. 14.
[371] Vgl. Huber et al. (2007), S. 14.
[372] Vgl. Huber et al. (2007), S. 34.
[373] Vgl. Hulland (1999), S. 198.
[374] Vgl. Hulland (1999), S. 198.
[375] Vgl. Huber et al. (2007), S. 35.

Konstrukt für die Überprüfung der Indikatorreliabilität relevant sowie deren Signifikanz. Da Ladungen Korrelation zwischen den Indikatoren und dem Konstrukt darstellen, sollten mindestens 50% der Varianz eines Indikators durch die latente Variable erklärt werden.[376] Indikatoren mit einer Ladung über 0,7 können als akzeptabel angesehen werden. Ladungen, die unter 0,5 oder 0,4 liegen, sollten aus dem Messmodell entfernt werden.[377] Mittels der Methoden des Bootstrapping oder Jackknifing[378] werden t-Werte zur Überprüfung der Signifikanz der Ladungen geschätzt. Für ein fünfprozentiges Signifikanzniveau sollte der Parameter einen Wert von größer 1,66 aufweisen.

Ein weiteres Kriterium zur Überprüfung der Güte stellt die Konvergenzvalidität dar. Diese erfordert, dass die Indikatoren zur Messung einer latenten Variablen untereinander eine starke Beziehung aufweisen.[379] Zur Messung der Konvergenzvalidität wird die Faktorreliabilität und die durchschnittlich erfasste Varianz (DEV) verwendet.[380] Mit Hilfe der Faktorreliabilität wird überprüft, inwieweit ein Faktor dazu geeignet ist, die zu ihm in Beziehung stehenden reflektiven Indikatorvariablen (eines Blocks) zu erklären. Der Wertebereich des Parameters liegt zwischen 0 und 1, wobei Werte größer als 0,7 als akzeptabel angesehen werden können.[381] Das Gütekriterium der DEV überprüft, „[...] wie hoch der durch einen Faktor erklärte Varianzanteil manifester Variablen in Relation zum nicht erklären Varianzanteil ist".[382]

Das methodologische Gegenstück zur Konstruktvalidität wird durch die Diskriminanzvalidität beschrieben. Diese gibt an, inwieweit die Messung des jeweiligen Konstruktes von der Messung eines anderen Konstruktes im Modell ausgeschlossen werden kann.[383] Die DEV sollte einen Wert von mindestens 0,6 annehmen, wobei der Wertebereich auch hier zwischen 0 und 1 liegt. Somit soll sichergestellt werden, dass die gemeinsame Varianz zwischen den hypothetischen Konstrukten und ihren Indikatoren größer ist als die gemeinsame Varianz mit anderen hypothetischen Konstrukten.[384] Nach *Fornell* und *Larcker (1981)* kann man von Diskriminanzvalidität sprechen, wenn die DEV eines latenten Konstruktes größer ist als jede

[376] Vgl. Hulland (1999), S. 198.
[377] Vgl. Hulland (1999), S. 198.
[378] Hierbei ist anzumerken, dass die Methodik des Bootstrapping dem Jackknifing aufgrund eines geringeren Standardfehlers vorzuziehen ist. Vgl. Huber et al. (2007), S. 35.
[379] Vgl. Götz/Liehr-Gobbers (2004), S. 727.
[380] Vgl. Fornell/Larcker (1981), S. 45.
[381] Vgl. Huber et al. (2007), S. 35.
[382] Vgl. Huber et al. (2007), S. 36.
[383] Vgl. Hulland (1999), S. 199.
[384] Vgl. Götz/Liehr-Gobbers (2004), S. 728.

quadrierte Korrelation dieser Konstrukte mit einem anderen Konstrukt im Modell.[385] Ein weiteres Kriterium auf Messmodellebene ist die Vorhersagevalidität. Das Kriterium soll aufzeigen, ob eine Rekonstruktion der latenten Variablen durch die zugrunde liegenden Indikatoren möglich ist.[386] Die Beurteilung erfolgt mit Hilfe von *Stone-Geissers* Q^2. Die Parameterschätzung erfolgt durch die so genannte Blindfolding Prozedur, welche einen Teil der Rohdatenmatrix als fehlend annimmt und im nächsten Schritt die als fehlend angenommenen Daten bestimmt. *Stone-Geissers* Q^2 sollte den kritischen Wert von Null überschreiten.[387] Eine vollständige Überprüfung der Güte erfordert weiterhin die Begutachtung der reflektiven Konstrukte auf Unidimensionalität. Hintergrund ist die Fragestellung, ob die Indikatoren der reflektiven Konstrukte ausschließlich das jeweilige Zielkonstrukt messen und kein anderes latentes Konstrukt aus dem Modell. Zur Überprüfung auf Unidimensionalität wird häufig eine exploratorische Faktoranalyse mittels SPSS durchgeführt.[388] Lassen sich hierbei die Faktorladungen eindeutig einem Faktor zuordnen und es liegen nur geringe oder keine Kreuzladungen vor, kann von Unidimensionalität gesprochen werden.[389]

Formative Messmodelle

Für formative Messmodelle ist eine Eliminierung von Indikatoren nicht empfehlenswert und sollte nur auf inhaltlichen Überlegungen basieren, da die Indikatoren konstitutive Elemente des jeweiligen Konstruktes darstellen. Die Indikatorrealibilität ist für formative Messmodelle nur bedingt anwendbar, da es keine Annahme darüber gibt, dass formative Indikatoren eine starke Beziehung zu dem latenten Konstrukt aufweisen müssen.[390] Die Indikatoren wurden aufgrund theoretischer Überlegungen in das Messmodell integriert, sodass sich bei einem Entfernen des Indikators der konzeptionelle Inhalt des Konstruktes ändern würde.[391] Für formative Konstrukte ist ebenfalls das Gütekriterium der Diskriminanzvalidität zu überprüfen. Diese kann anhand der Korrelationen in der Korrelationsmatrix der Konstruktwerte begutachtet werden. Die Korrelationen sollten für formative Messmodelle unter dem Wert 0,9 liegen.[392] Während reflektive Indikatoren eine hohe Korrelation untereinander aufweisen sollten,

[385] Vgl. Fornell/Larcker (1981), S. 46.
[386] Vgl. Huber et al. (2007), S. 37.
[387] Vgl. Huber et al. (2007), S. 37.
[388] Vgl. Huber et al. (2007), S. 93.
[389] Vgl. Herrmann/Huber/Kressmann (2006), S. 57.
[390] Vgl. Götz/Liehr-Gobbers (2004), S. 728.
[391] Vgl. Fassott/Eggert (2005), S. 33.
[392] Vgl. Huber et al. (2007), S. 38.

ist dies bei formativen Indikatoren nicht erwünscht. Bei dem Vorliegen hoher Korrelationen zwischen den Indikatoren formativ operationalisierter Konstrukte, kann es zu Verzerrungen der Parameterschätzung kommen.[393] Somit sollte eine Überprüfung auf Multikollinearität erfolgen. Durch die Berechnung mehrer linearer Regressionen, bei denen jeder Indikator einmal als abhängige Variable geschätzt wird, kann das jeweilige Bestimmtheitsmaß ermittelt werden. Liegt dieses nahe bei Eins, kann diese Variable durch eine Linearkombination der unabhängigen Variablen abgebildet werden und ist somit für die Betrachtung überflüssig.[394] Das Bestimmtheitsmaß fließt zur Evaluation des Gütemaßes in die Berechnung des Variance Inflation Factors (VIF) ein. Dieser sollte einen Wert kleiner als 10 annehmen, um Multikollinearität ausschließen zu können.[395]

Überprüfung des Strukturmodells

Nachdem das Messmodell auf die entsprechenden Gütekriterien untersucht wurde, gilt es abschließend, die postulierten Wirkungszusammenhänge und die latenten Konstrukte im Strukturmodell auf ihre Schätzgüte zu überprüfen. Als erster Indikator für die Güte des Strukturmodells kann das Bestimmtheitsmaß R^2 herangezogen werden. Dieses kann lediglich für endogene Konstrukte überprüft werden und gibt den Anteil der erklärten Varianz für die latente Variable wieder. [396] Das Bestimmtheitsmaß kann als Güte der Anpassung der Regressionsfunktion an die gemessenen Daten interpretiert werden.[397] Das Bestimmtheitsmaß liegt im Wertebereich von 0 bis 1 und sollte einen Wert von 0,3 überschreiten. Ferner muss das Strukturmodell auf Multikollinearität überprüft werden. Dies erfolgt wiederum mit Hilfe des Variance Inflation Factors (VIF), der analog zur Überprüfung auf Messmodellebene nicht größer als 10 sein sollte.[398] Die endogenen reflektiven Konstrukte müssen weiterhin auf ihre Vorhersagevalidität überprüft werden. Hier dient wiederum *Stone-Geissers* Q^2 als Prüfgröße. Es gibt an, ob die empirischen Daten durch das Modell und die ermittelten Parameter rekonstruiert werden können.[399] Ist der Wert für Q^2 über Null, so kann von Vorhersagevalidität gesprochen werden.[400] Um schließlich eine Aussage über die postulierten Zusammenhänge sowie deren Signifikanz innerhalb des Strukturmodells treffen zu können, ist es notwendig,

[393] Vgl. Götz/Liehr-Gobbers (2004), S. 729.
[394] Vgl. Backhaus et al. (2008), S. 89.
[395] Vgl. Huber et al. (2007), S. 39.
[396] Vgl. Götz/Liehr-Gobbers (2004), S. 730.
[397] Vgl. Backhaus et al. (2008), S. 71.
[398] Vgl. Herrmann/Huber/Kressmann (2006), S. 58.
[399] Vgl. Götz/Liehr-Gobbers (2004), S. 731.
[400] Vgl. Herrmann/Huber/Kressmann (2006), S. 58.

die Pfadkoeffizienten sowie deren entsprechende t-Werte zu prüfen.[401] Für einen zweiseitigen Signifikanztest, bei einer Irrtumswahrscheinlichkeit von 5%, sollte der t-Wert größer als 1,98 sein.[402] Für ein Signifikanzniveau in Höhe von 5% sollte der Wert die kritische Größe 1,66 überschreiten. Liegt der Wert unterhalb dieser Grenze, sollte die entsprechende Hypothese verworfen werden. Die Pfadkoeffizienten sollten einen Wert von größer als 0,1 annehmen, um als signifikant zu gelten.[403]

4.1.4 Weitere Auswertungsmöglichkeiten

Neben der Auswertung der gesamten Stichprobe auf Strukturmodellebene, stehen dem Marketingforscher weitere Möglichkeiten zur Evaluierung des postulierten Hypothesengefüges zur Verfügung. So können unterschiedliche Segmente gebildet werden und die Daten auf Basis der gewonnenen Teilsample ausgewertet werden.[404] Durch die Untersuchung verschiedener Teilsample sowie einem Vergleich der geschätzten Strukturparameter, lassen sich differenzierte Ergebnisse erzielen. Die Berücksichtigung von Effekten für unterschiedliche Teilsample erfolgt anhand so genannter moderierender Variablen.[405] Moderierende Effekte unterliegen der Annahme, dass der Zusammenhang zwischen einer unabhängig und abhängig modellierten Variable durch eine Moderatorvariable hinsichtlich seiner Stärke determiniert wird.[406] Man unterscheidet hierbei a priori und a posteriori Methoden, die zur Auswahl von geeigneten Segmentierungsvariablen herangezogen werden können.[407] Bei a priori Methoden kann anhand des Segmentierungskriteriums die Anzahl und Ausgestaltung der Teilstichproben vorher bestimmt werden. Als Beispiele hierfür sind das Geschlecht oder das Alter der Probanden zu nennen.[408] Im Gegensatz dazu ist die a posteriori Methode dadurch gekennzeichnet, dass die gruppierungsrelevanten Variablen vor der Studie nicht festzulegen sind und folglich auch keine Aussage über die Anzahl der Teilsample getroffen werden kann. Die Bestimmung der Teilsample kann in diesem Fall unter anderem durch clusteranalytische Verfahren erfolgen.[409] Die Bildung der Subgruppen erfolgt anhand der jeweiligen Ausprägungen der moderierenden Variablen. *Chin (2000)* stellt hierbei die Forderung nach

[401] Vgl. Huber et al. (2007), S. 42.
[402] Vgl. Huber et al. (2007), S. 45.
[403] Vgl. Huber et al. (2007), S. 104.
[404] Vgl. Huber et al. (2007), S. 47.
[405] Vgl. Huber et al. (2007), S. 118.
[406] Vgl. Huber et al. (2007), S. 48.
[407] Vgl. Huber et al. (2007), S. 47.
[408] Vgl. Huber et al. (2007), S. 47.
[409] Vgl. Huber et al. (2007), S. 47.

Modellinvarianz.[410] Zur Überprüfung des Gruppenvergleichs sollten demnach identische Messmodelle vorliegen. Es kann jedoch als ausreichend erachtet werden, wenn die verwendeten Indikatoren identisch sind.[411] Die Erhebungspopulationen werden wie in Kapitel 4.1.3 erläutert jeweils auf Strukturmodellebene überprüft. Signifikante Unterschiede zwischen den Untersuchungsgruppen treten auf, wenn eine Hypothese in einer Gruppe beibehalten und in der anderen Gruppe abgelehnt wird. Sind die Strukturparameter in beiden Teilgruppen signifikant positiv oder negativ, kann die Beurteilung nicht durch einen einfachen Vergleich der Schätzwerte erfolgen.[412] Zur Überprüfung auf signifikante Unterschiede kann hier der Gruppenvergleich nach *Chin (2000)* eingesetzt werden. Mittels eines t-Testes werden die Strukturparameter für die Wirkungszusammenhänge untersucht. Die Berechnung erfolgt auf Basis unten stehender Formel.[413]

$$t = \frac{p_i^1 - p_i^2}{S \cdot \sqrt{\frac{1}{m} + \frac{1}{n}}}$$

mit

$$S = \sqrt{\frac{(m-1)^2}{(m+n-2)} \cdot \left(\sigma\left(p_i^1\right)\right)^2 + \frac{(n-1)^2}{(m+n-2)} \cdot \left(\sigma\left(p_i^2\right)\right)^2}$$

m	Umfang der ersten Stichprobe
n	Umfang der zweiten Stichprobe
p_i^1	Schätzer der interessierenden Modellassoziation i in der ersten Stichprobe
p_i^2	Schätzer der interessierenden Modellassoziation i in der zweiten Stichprobe
$\sigma\left(p_i^1\right)$	Standardfehler des Schätzers der Modellassoziation i in der ersten Stichprobe
$\sigma\left(p_i^2\right)$	Standardfehler des Schätzers der Modellassoziation i in der zweiten Stichprobe

Der Schätzer der Modellassoziation i kann dabei Repräsentant einer Ladung, eines Gewicht oder eines Pfadkoeffizienten sein.[414] Die Bestimmung des Standardfehlers erfolgt mit der Bootstrapping-Prozedur. Der errechnete t-Wert folgt einer Student-Verteilung mit m+n-2 Freiheitsgraden.[415]

---

[410] Vgl. Chin (2000).
[411] Vgl. Huber et al. (2007), S. 118.
[412] Vgl. Huber et al. (2007), S. 122.
[413] Vgl. Chin (2000).
[414] Vgl. Matthes (2009), S. 40.
[415] Vgl. Chin (2000).

4.2 Konzeption der Studie

4.2.1 Untersuchungsgegenstand

Nachdem das Modell auf Basis bestehender Studien und theoretischer Überlegungen hergeleitet wurde, wird dieses nun empirisch überprüft. Bei der Konzeption der empirischen Studie ist ein geeignetes Untersuchungsobjekt auszuwählen, anhand dessen die Überprüfung der postulierten Hypothesen erfolgen kann.[416] In diesem Buch wird das Beispiel gesunder Ernährung mittels Functional Food (funktioneller Lebensmittel) gewählt. Unter Functional Food können Lebensmittel verstanden werden, die neben ihrer rein nährwertbezogenen Funktion einen zusätzlichen gesundheitsfördernden Nutzen versprechen.[417] Vor dem Hintergrund der zentralen Relevanz von Vertrauen für das vorliegende Buch erscheinen diese Produkte zur Überprüfung als besonders geeignet. Wie das Marktforschungsinstitut *Datamonitor* im April 2008 berichtete, ist der Markt für funktionelle Lebensmittel trotz positivem Umsatzwachstum durch einen Rückgang von Vertrauen gekennzeichnet.[418] Konsumenten werden zunehmend misstrauischer in Bezug auf die Gesundheitsversprechen der Produkte und Marken und sehen diese eher als Rechtfertigung für einen erhöhten Preis an. Das *National Institute of Consumer Research* in Schweden hat im Jahr 2003 eine Studie zu dem Thema Vertrauen in Nahrungsmittel im europäischen Raum durchgeführt. Innerhalb der Studie wurden unter anderem Daten zu der Größe *Truth Telling* ermittelt. Gegenstand der Frage war, ob institutionelle Akteure auf den Nahrungsmittelmärkten bei einem auftretenden Lebensmittelskandal die Wahrheit sagen oder relevante Informationen zurückhalten würden. Die Ergebnisse der Studie zeigen, dass insbesondere den Marktakteuren, wie z. B. Supermärkten, der Industrie oder auch Bauern kein hohes Vertrauen geschenkt wird. Demgegenüber genießen Verbraucherorganisationen und Lebensmittelexperten über alle europäischen Länder hinweg das Vertrauen der Verbraucher.[419] Deutschland wurde als Land mit einem insgesamt geringen Anteil an Verbrauchern mit Vertrauen identifiziert.[420] Basierend auf diesen Ergebnissen lässt sich ein Handlungsbedarf für Unternehmen zur Wiederherstellung des Verbrauchervertrauens ableiten. Ebenso betont die Studie von *Niva* und *Mäkelä (2005)* die Relevanz von Vertrauen für Verbraucher insbesondere im Zusammenhang mit funktionellen Lebensmitteln. Die Autoren beschreiben, dass im Kontext von Lebensmitteln, die einen Gesundheitsnutzen versprechen, Vertrauen eine

[416] Vgl. Matthes (2009), S. 150.
[417] Vgl. Dustmann (2006), S. 31.
[418] Datamonitor (2008), S. 10.
[419] Vgl. Poppe/Kjaernes (2003), S. 93.
[420] Vgl. Poppe/Kjaernes (2003), S. 146.

besondere Stellung einnimmt. In diesem Fall beschreibt das Konstrukt nicht nur Vertrauen in die Sicherheit von Lebensmitteln, sondern vielmehr ein vielschichtiges Vertrauen in die gewonnenen wissenschaftlichen Erkenntnisse über die Zusammenhänge von Inhaltsstoffen in Lebensmitteln und deren Auswirkungen auf die Gesundheit.[421] Die Überzeugung, dass ein bestimmtes Produkt positive Effekte auf die Gesundheit haben kann, vielleicht aber auch erst zu einem viel späteren Zeitpunkt, setzt ein gewisses Vertrauen in die Hersteller von Lebensmitteln voraus.[422]

Der Nahrungsmittel-Markt in Deutschland ist seit etwa zwei Jahrzehnten von deutlichen Veränderungen geprägt. Gründe hierfür sind in der demographischen Entwicklung sowie Veränderungen im Verbraucherverhalten zu suchen.[423] *Dustmann (2006)* identifiziert den Gesundheitsaspekt als Ernährungstrends, der bei vielen Verbrauchern stark in den Fokus gerückt ist.[424] Für die vorliegende Studie wird der Ernährungstrend Gesundheit somit als geeignete Komponente für die vorliegende Studie angesehen, um zielorientiertes Entscheidungsverhalten zu reflektieren. Funktionale Lebensmittel als Möglichkeit einer einfachen und gleichzeitig gesunden Ernährung sind aus Marketingsicht besonders interessant. Ältere Konsumenten rücken hierbei explizit in den Fokus. Schon in wenigen Jahren wird diese Altersgruppe einen Großteil der Konsumenten stellen. Innerhalb dieser Altergruppe werden Nahrungsmittel oft zur Selbstmedikation genutzt, so dass diese Gruppe insbesondere für funktionelle Nahrungsmittel empfänglich ist.[425] Der Markt für funktionelle Lebensmittel in Europa ist im Vergleich zu Japan oder den USA noch relativ jung, allerdings wird darin ein großes Potential gesehen. Eine Untersuchung der *GfK* aus dem Jahr 2000 schätzt den Umsatz funktioneller Lebensmittel auf 920 Mio. €, was einen Anteil von 1% am Lebensmittelmarkt präsentiert. [426] Der Umsatz in Deutschland lag im Jahr 2003 bereits bei 2,4 Mrd. USD.[427] Gesunde Ernährung kann eine Schlüsselrolle bei dem Bestreben eines langen und beschwerdefreien Lebens spielen. Als konkretes Beispiel für die vorliegende Studie dient die Marke *Becel*. Seit der Einführung im Jahr 1969 steht diese Marke bei den Verbrauchern für eine cholesterinbewusste Ernährung.[428] Damals wurde eine Diät-Margarine mit mehrfach un-

[421] Vgl. Niva/Mäkelä (2005), S. 42.
[422] Vgl. Niva/Mäkelä (2005), S. 42.
[423] Vgl. Dustmann (2006), S. 27.
[424] Vgl. Dustmann (2006), S. 37.
[425] Vgl. Dustmann (2006), S. 37.
[426] Vgl. Dustmann (2006), S. 36.
[427] Vgl. Bech-Larsen/Scholderer (2007), S. 231.
[428] Vgl. Lindenberg (2004), S. 1984.

gesättigten Fettsäuren zur Förderung einer herzgesunden Ernährung eingeführt. Heute umfasst das Sortiment 20 verschiedene Produkte, die alle dem *Becel*-Prinzip folgen.[429] Im August 2009 hat *Becel* in Deutschland zusammen mit der *Deutschen Gesellschaft für Prävention und Rehabilitation von Herz-Kreislauf-Erkrankungen e.V. (DGPR)* die Aufklärungskampagne Herzalter-Test gestartet.[430] Diese Kampagne unterstreicht noch einmal die cholesterinbewusste und gesundheitsfördernde bisherige Positionierung der Marke.

4.2.2 Untersuchungsdesign und Beschreibung der Stichprobe

Zur Gewinnung der relevanten Daten für die vorliegende Studie wurde ein Fragebogen konzipiert, der zur Messung der latenten Konstrukte dient. Aufgrund der flexiblen Gestaltungsmöglichkeiten, ist diese Form der Erhebung weit verbreitet und stellt die wichtigste Informationsgewinnungsquelle im Marketing dar.[431] Bei der Gestaltung des Fragebogens sollte darauf geachtet werden, dass die Fragen systematisch erarbeitet und getestet werden. Zur Messung der theoretischen Sachverhalte ist deren Transformation in quantitative Größen notwendig. Dies geschieht mit Hilfe einer geeigneten Skalierung, respektive einer Konstruktion von Messskalen.[432] Dem Marketingforscher stehen zur Kontaktierung der jeweiligen Auskunftspersonen verschiedene Optionen zur Verfügung. Man unterscheidet hierbei die Formen der schriftlichen, mündlichen oder persönlichen Befragung.[433] Allerdings wird seit einigen Jahren vermehrt auf das Instrument der Online-Befragung zurückgegriffen.[434] Hierbei erfolgt die Aufforderung zur Teilnahme an einer Studie direkt auf der Homepage oder durch das Zusenden eines Links über Email. Als vorteilig erweist sich hierbei insbesondere die Möglichkeit der direkten Weiterverarbeitung der Daten, da diese in elektronisch aufbereiteter Form erfasst werden.[435] Weiterhin zeigen Studien, dass die Probanden offener bei der Beantwortung der Fragen sind, was auf die größere Anonymität im Internet zurückzuführen ist.[436] Als größter Vorteil der Online-Befragung sind jedoch die geringen Kosten der Umsetzung zu nennen.[437] Allerdings sollte berücksichtigt werden, dass durch diese Form der Befragung eine systematische Ausgrenzung von Personen ohne Internetzugang vorgenommen wird. Dies

[429] Unilever (2009).
[430] Vgl. Becel (2009).
[431] Vgl. Kotler/Keller/Bliemel (2007), S. 172.
[432] Vgl. Berekoven/Eckert/Ellenrieder (1999), S. 72.
[433] Vgl. Kotler/Keller/Bliemel (2007), S. 180.
[434] Vgl. Kotler/Keller/Bliemel (2007), S. 181.
[435] Vgl. Bronner/Appel/Wiemann (1999), S. 144.
[436] Vgl. Bronner/Appel/Wiemann (1999), S. 144.
[437] Vgl. Kotler/Keller/Bliemel (2007), S. 184.

kann sich nachteilig in Bezug auf die Repräsentativität der Stichprobe auswirken.[438] Nach Abwägen der Vor- und Nachteile, erweist sich für die vorliegende Studie eine Online-Befragung als vorteilhaft. In Bezug auf die Skalierung wurden alle Indikatoren für die relevanten Konstrukte geschlossen in Form einer siebenstufigen *Likert*-Skala formuliert. Diese Art der Skalierung gehört zu den am meisten verbreiteten Formen zur Messung von entsprechenden Untersuchungsgegenständen.[439] Die Probanden geben den Grad ihrer Zustimmung bzw. Ablehnung einer Aussage an. Die Endpunkte der Skala wurden mit den Aussagen „Stimme voll und ganz zu“ sowie „Stimme überhaupt nicht zu“ beschriftet. Ebenso wurde für die mittlere Ausprägung der Skala die Bezeichnung „neutral“ genutzt.

Die Datenerhebung erfolgte in dem Zeitraum vom 08.06.2009 bis 30.08.2009. Innerhalb dieser Zeit konnten 358 Teilnehmer für die Studie gewonnen werden, die den Fragebogen vollständig ausgefüllt haben. Der Link zu dem Online-Fragebogen der Studie wurde über einen privaten E-Mail Verteiler versendet. Weiterhin wurde mit Einverständnis der Verantwortlichen Betreiber der Link zur Umfrage auf der Internetplattform für Senioren *Feierabend.de* veröffentlicht, um insbesondere ältere Probanden für die Studie zu gewinnen. Ferner wurde eine Print-Version des Fragebogens erstellt, die identisch zur Online-Version der Umfrage war. Hierdurch sollten insbesondere ältere Personen angesprochen werden, die über keinen Internetanschluss oder Email verfügen.

Der Fragebogen für die vorliegende Studie kann in drei Teile gegliedert werden. In dem ersten Teil werden die Probanden mit einigen Fragen zum Thema gesunde Ernährung konfrontiert. Diese Fragen sind zunächst losgelöst von dem Beispiel der Marke *Becel* und dienen der Abfrage der vorgestellten Moderatoren in dem Modell. Im nachfolgenden Teil wird die Marke *Becel*, deren Produkte sowie deren Produktversprechen eingeführt, um zu gewährleisten, dass auch die Probanden, die noch nie mit der Marke in Kontakt getreten sind, sich ein Bild von *Becel* machen können. Alle nachfolgenden Fragen beziehen sich auf das gewählte Beispiel und dienen der Abfrage der vorgestellten Konstrukte. Abschließend werden die Teilnehmer gebeten, Fragen zu ihrer Person sowie drei abschließende Fragen zum Thema Cholesterin zu beantworten. Eine erste deskriptive Auswertung der soziodemographischen Daten ergibt nachfolgendes Bild der Stichprobe wie in *Tabelle 2* zusammengefasst.

[438] Vgl. Bronner/Appel/Wiemann (1999), S. 145.
[439] Vgl. Bronner/Appel/Wiemann (1999), S. 84.

Merkmal	Merkmalsausprägung	Anzahl	in % der Erhebungsgesamtheit
Altersgruppe	20 Jahre und jünger	9	2,5%
	21-25	62	17,4%
	26-30	113	31,7%
	31-35	36	10,1%
	36-40	22	6,2%
	41-45	21	5,9%
	46-50	9	2,5%
	51-55	18	5,0%
	56-60	18	5,0%
	61 Jahre und älter	49	13,7%
Geschlecht	Weiblich	220	61,6%
	Männlich	137	38,4%
Aktuelle Tätigkeit	Schüler	0	0,0%
	Auszubildende	7	2,0%
	Studenten	81	22,8%
	Angestellte	164	46,1%
	Beamte	15	4,2%
	Selbständige	21	5,9%
	Arbeitssuchende	9	2,5%
	Hausfrau/-mann	13	3,7%
	Rentner	42	11,8%
	Sonstige	4	1,1%

Tabelle 2: Soziodemographische Auswertung

Der Anteil der weiblichen Teilnehmer der Studie liegt bei 61,6%, wohingegen 38,4% Männer den Fragebogen ausgefüllt haben. Die Probanden der Stichprobe sind im Durchschnitt 37 Jahre alt. Das Alter wurde offen abgefragt. Zur übersichtlichen Darstellungen werden jedoch Altersklassen gebildet, um deren relative Häufigkeit in der Erhebungsgesamtheit zu ermitteln. Die am häufigsten vertretene Altersklasse mit 31,7% sind die 26- bis 30-jährigen Teilnehmer. Auch die Gruppe der 21- bis 25-jährigen Probanden ist mit 17,4% relativ häufig vertreten. Einen etwas geringeren Anteil weist die Gruppe der 31-35-jährigen mit 10,1% auf. Insgesamt haben an der Studie 49 Personen, die 61 Jahre und älter sind teilgenommen und stellen damit 13,7% des Gesamtsamples dar. Die Gruppe der 41-45-jährigen sowie die Gruppen der 51-55-jährigen und 56-60-jährigen sind mit fast gleich großen Teilen, etwa 5%, vertreten. Die Probanden unter 20 Jahren und zwischen 46 und 50 Jahren stellen jeweils 2,5% dar. Die Gruppe der 36-40- jährigen stellt die restlichen 6,2% des Samples dar. In etwa die Hälfte der Probanden ist berufstätig und in einem Angestellten Verhältnis. Studenten stellen 22,8% der Befragten dar. Mit 11,8% repräsentiert die Gruppe der Rentner den drittstärksten Teil des Gesamtsamples. Die in etwa verbleibenden 20% verteilen sich auf Beamte, Selbständige, Arbeitssuchende, Hausfrauen und Auszubildende.

4.3 Operationalisierung der Konstrukte

4.3.1 Vorgehensweise bei der Operationalisierung latenter Konstrukte

Das postulierte Modell innerhalb dieses Buches beinhaltet mehrere hypothetische Konstrukte, die sich einer direkten Messbarkeit entziehen. Gegenstand der nachfolgenden Unterkapitel ist es, geeignete Indikatoren zur Messung der latenten Variablen zu identifizieren und reliable sowie valide Messinstrumente aufzustellen. Die Auswahl der Indikatoren erfolgt anhand einer Literaturanalyse sowie der Sichtung vergangener empirischer Studien. Die selektierten Indikatoren werden, falls notwendig, auf den Untersuchungsgegenstand der vorliegenden Studie angepasst. Neben der Auswahl der Indikatoren, erfolgt eine Spezifikation des Messmodells im Hinblick auf die Beziehung der Indikatorvariablen und dem dazugehörigen latenten Konstrukt. Für jedes Konstrukt wird somit festgelegt, ob es reflektiv oder formativ zu operationalisieren ist. Bei der Verwendung von Indikatoren aus dem englischen Sprachraum, wurde auf eine adäquate Übersetzung ins Deutsche geachtet.

4.3.2 Antezedenzien von Vertrauen

Das erste Konstrukt, das es zu operationalisieren gilt, ist die Reputation der Marke. Das Messmodell für Reputation basiert auf der Studie von *Lau* und *Lee (1999)*. Die Autoren schlagen sechs Indikatoren zur Operationalisierung vor, die alle über eine standardisierte siebenstufige *Likert*-Skala gemessen werden. Um Verzerrungseffekte im Antwortverhalten zu vermeiden, wird die Hälfte der verwendeten Items invers formuliert. Für die Skala zur Messung der Reputation werden die Items „good“ und „not good“, „reliable“ und „unreliable“ sowie „perfom well“ und „heard negative comments“ verwendet. Das Messinstrumentarium kann mit einem Wert für *Cronbachs* Alpha von 0,87 als reliabel bezeichnet werden. Auch die

Überprüfung auf Validität erweist sich als zufriedenstellend.[440] Die vorliegende Studie verzichtet aus Gründen der Sparsamkeit auf zwei der vorgestellten Items, da diese durch semantisch ähnliche Formulierungen abgebildet werden und somit eine Redundanz aufweisen. Dementsprechend werden vier Items ausgewählt. Ein invers formuliertes Item wird beibehalten. Die zur Operationalisierung verwendeten Indikatoren sowie die zugehörigen Faktorladungen und t-Werte lassen sich nachstehender *Tabelle 3* entnehmen.

Indikator	**Nr.**	**Faktorladung**	**t-Wert**
Andere haben mir erzählt, dass die Marke Becel gut sei.	X_{11}	eliminiert	---
Ich habe negative Kommentare zu der Marke Becel gehört.	X_{12}	eliminiert	---
Die Marke Becel hat einen guten Ruf.	X_{13}	0,9604	124,7294
Die Marke Becel gilt als zuverlässig.	X_{14}	0,9581	103,7556

Tabelle 3: Operationalisierung des Konstruktes Reputation

Die Operationalisierung des Konstruktes Reputation ist durch einen reflektiven Zusammenhang der Indikatoren gekennzeichnet, da eine Veränderung des Konstruktwerts eine gleichgerichtete Veränderung der Indikatoren bewirkt. Die Indikatoren X_{11} sowie X_{12} werden aufgrund zu geringer Faktorladungen aus dem Messmodell eliminiert. Die übrigen Indikatoren weisen eine Faktorladung von höher als 0,7 sowie t-Werte über 1,96 auf und erfüllen demnach die Anforderungen an die Güte. Neben der Überprüfung der Faktorladungen und t-Werte, sind reflektive Konstrukte im Hinblick auf Konvergenz, Diskriminanz und Vorhersagevalidität zu prüfen. Das Messmodell erfüllt hierbei alle Kriterien, dargestellt in *Tabelle 4.*

Konvergenz	
DEV	0,9200
Konstruktreliabilität	0,9580
Diskriminanz	
Fornell-Larcker-Kriterium	erfüllt
Vorhersagevalidität	
Stone-Geissers Q^2	erfüllt
Unidimensionalität	erfüllt

Tabelle 4: Gütekriterien auf Messmodellebene für das Konstrukt Reputation

440 Vgl. Lau/Lee (1999), S. 355.

Auch die Operationalisierung für das Konstrukt Zufriedenheit wird der Studie von *Lau* und *Lee (1999)* entnommen, da diese bereits in den Markenkontext übertragen wurden und im Hinblick auf Reliabilität, mit einem Wert für *Cronbachs* Alpha von 0,95, und Validität den Gütekriterien entsprechen.[441] Insgesamt werden drei Items in die Studie aufgenommen, wobei wiederum ein Item invers abgefragt wird. Gemäß dem Verständnis von Zufriedenheit als emotionalem Zustand,[442] werden adäquate Items ausgewählt und entsprechend auf den Kontext der Studie angepasst. Einen Überblick über die verwendeten Indikatoren sowie die zugehörigen Faktorladungen und t-Werte gibt *Tabelle 5.*

Indikator	Nr.	Faktorladung	t-Wert
Ich bin in der Vergangenheit mit den Produkten der Marke Becel zufrieden gewesen.	X_{21}	0,9343	55,4826
Ich ärgere mich über den Entschluss, Produkte von der Marke Becel gekauft zu haben.	X_{22}	eliminiert	---
Die Produkte der Marke Becel haben mir gefallen.	X_{23}	0,9395	45,7082

Tabelle 5: Operationalisierung des Konstruktes Zufriedenheit

Der Zusammenhang zwischen den Indikatorvariablen und der latenten Variable Zufriedenheit wird durch einen reflektiven Zusammenhang beschrieben. Da jeder Indikator die Zufriedenheit mit der Marke widerspiegelt und sich somit gleichgerichtet zu dem Konstruktwert ändert, ist eine reflektive Operationalisierung zu wählen. Indikator X_{22} erfüllt nicht die Mindestanforderungen für die Faktorladung und wird deshalb aus dem Messmodell eliminiert.

Konvergenz	
DEV	0,8780
Konstruktreliabilität	0,9350
Diskriminanz	
Fornell-Larcker-Kriterium	erfüllt
Vorhersagevalidität	
Stone-Geissers Q^2	erfüllt
Unidimensionalität	erfüllt

Tabelle 6: Gütekriterien auf Messmodellebene für das Konstrukt Zufriedenheit

[441] Vgl. Lau/Lee (1999), S. 355.

[442] Vgl. Kapitel 3.3.1 – Verständnis von Zufriedenheit nach *Johnson* und *Grayson (2005).*

Die verbleibenden Indikatoren werden den Anforderungen an die Höhe der Faktorladungen sowie t-Werte gerecht. Die Gütekriterien in Bezug auf Konvergenz, Diskriminanz und Vorhersagevalidität können der *Tabelle 6* entnommen werden. Die Operationalisierung des Konstruktes Kommunikation orientiert sich an der Studie von *Selnes (1998)*. Die verwendeten Items der Studie erfüllen den Anspruch auf Reliabilität und Validität.[443] Für die vorliegende Studie ist jedoch bezüglich der Items eine Anpassung notwendig, da sich die erwähnte Studie auf Kommunikation zwischen Unternehmen bezieht. Hierbei steht die Bereitstellung von ehrlichen und offenen Informationen im Vordergrund. Diese beziehen sich im Kontext der Studie auf spezielle Probleme in einer Lieferantenbeziehung, so z. B. Lieferschwierigkeiten oder Qualitätsprobleme. Vor dem Hintergrund eines Transfers auf den Markenkontext, verzichtet die vorliegende Studie deshalb auf diese Präzisierung und wählt eine weniger spezielle Formulierung. Es wird auf eine ausreichende und offene Kommunikation der Marke im Allgemeinen bzw. im Hinblick auf das Leistungsversprechen fokussiert. Die Items werden entsprechend umformuliert und in den Markenkontext übertragen. Alle Indikatoren sind in *Tabelle 7* zusammenfassend mit den jeweiligen Faktorladungen und t-Werten dargestellt.

Indikator	**Nr.**	**Faktorladung**	**t-Wert**
Die Marke Becel informiert ihre Kunden ausreichend.	X_{31}	0,9094	82,1240
Die Marke Becel ist offen in ihrer Kommunikation.	X_{32}	0,8915	43,2648
Die Marke Becel informiert ihre Kunden über Leistungsgrenzen der Produkte.	X_{33}	0,8177	32,4917

Tabelle 7: Operationalisierung des Konstruktes Kommunikation

Die Ausprägungen der Indikatoren ändern sich in Abhängigkeit des Konstruktes Kommunikation und spiegeln das Konstrukt wider. Auch in diesem Fall wird eine reflektive Operationalisierung angewendet. Alle Indikatoren können aufgrund ausreichender Faktorladungen und hoher t-Werte beibehalten werden und fließen somit in die Studie ein. Auch die Kriterien für die Konvergenz sind zufriedenstellend erfüllt. Nach der Überprüfung auf Diskriminanz, Vorhersagevalidität und Unidimensionalität kann für dieses Messmodell eine ausreichende Güte festgestellt werden.

[443] Vgl. Selnes (1998), S. 313.

Konvergenz	
DEV	0,7630
Konstruktreliabilität	0,9060
Diskriminanz	
Fornell-Larcker-Kriterium	erfüllt
Vorhersagevalidität	
Stone-Geissers Q^2	erfüllt
Unidimensionalität	erfüllt

Tabelle 8: Gütekriterien auf Messmodellebene für das Konstrukt Kommunikation

4.3.3 Vertrauen in die Marke

Die Operationalisierung des Vertrauenskonstruktes erfolgt gemäß der in Kapitel 3.2.1 hergeleiteten Konzeptualisierung von Vertrauen.[444] Dementsprechend werden die Dimensionen Glaubwürdigkeit, Wohlwollen, Integrität und Kompetenz für das Messmodell berücksichtigt. Die Items für die ersten drei genannten Dimensionen werden der Studie von *Gurviez* und *Korchia (2001)* entnommen und adäquat aus dem Französischen übersetzt.[445] Die vierte Dimension von Vertrauen folgt bei der Operationalisierung der Studie von *Lau* und *Lee (1999)*, da die Autoren Kompetenz vor dem Hintergrund einer Marke untersuchen und die Itemskala somit bereits in den entsprechend Markenkontext übertragen wurde.[446] Sie berücksichtigen insbesondere die relative Kompetenz zu anderen Marken, da nach Ansicht der Autoren eine Marke nur gut sein kann, wenn sie bessere Leistungen als andere verfügbare Marken erbringt.[447] In *Tabelle 9* sind alle Dimensionen von Vertrauen mit den entsprechenden Indikatoren sowie den zugehörigen Faktorladungen und t-Werten aufgelistet.

Gemäß der vorgeschlagenen unidimensionalen Konzeptualisierung von Vertrauen, beschreibt das Konstrukt einen reflektiven Zusammenhang. Somit ändern sich alle Ausprägungen der beschriebenen Dimensionen, wenn sich der Wert des Vertrauenskonstruktes ändert. Die Überprüfung der Indikatoren zeigt, dass ein Item der Dimension Integrität, bedingt durch eine zu geringe Faktorladung, zu eliminieren ist. Ferner ist der Indikator X_{46} aus dem Messmodell für die Dimension Glaubwürdigkeit, bedingt durch eine zu geringe Faktorladung innerhalb der Prüfung auf Unidimensionalität, zu eliminieren Die Untersuchung der Indikatoren im Hinblick auf Unidimensionalität wird mit Hilfe einer exploratorischen Faktoranalyse durchgeführt. Alle Indikatoren eines Messmodells sollten, um Unidimensionalität zu gewährleisten,

[444] Vgl. Mayer/Davis/Schoorrmann (1995); Gurviez/Korchia (2001); Huber/Meyer (2008).
[445] Vgl. Gurviez/Korchia (2001), S. 10.
[446] Vgl. Lau/Lee (1999), S. 364.
[447] Vgl. Lau/Lee (1999), S. 353.

nur auf einen einzigen Faktor hoch laden. Da bereits ein Untersuchungsmodell mit einer festen Anzahl an reflektiven Konstrukten vorliegt, wird die Anzahl der zu extrahierenden Faktoren vor der Analyse festgelegt.[448] Die Güte der Lösung wird anhand der rotierten Komponentenmatrix evaluiert. Es wird geprüft, ob Kreuzladungen zwischen Faktoren auftreten und alle Indikatoren eine ausreichende Ladung auf eine Komponente aufweisen. Da innerhalb dieser Studie sieben reflektive Konstrukte modelliert sind, wird zunächst eine Sieben-Faktor-Lösung geprüft.

Indikator	Dimension	Nr.	Faktorladung	t-Wert
Die Produkte der Marke Becel geben mir ein Gefühl von Sicherheit.	Glaubwürdigkeit	X_{41}	0,8106	41,2249
Ich habe Vertrauen in die Qualität der Produkte von Becel .	Glaubwürdigkeit	X_{42}	eliminiert	---
Produkte von Becel zu kaufen ist wie eine Garantie.	Glaubwürdigkeit	X_{43}	0,7858	37,2628
Die Marke Becel ist aufrichtig ggü. ihren Verbrauchern.	Integrität	X_{44}	0,8714	64,3070
Die Marke Becel ist ehrlich ggü. ihren Kunden.	Integrität	X_{45}	0,8539	53,3241
Die Marke Becel zeigt Interesse für Ihre Kunden.	Integrität	X_{46}	eliminiert	---
Ich denke, die Marke Becel erneuert Ihre Produkte ständig, um dem Fortschritt Rechnung zu tragen.	Wohlwollen	X_{47}	0,7817	30,6171
Ich denke, diese Marke sucht kontinuierlich nach Möglichkeiten die Produkte zu verbessern und somit an die Bedürfnisse der Kunden anzupassen.	Wohlwollen	X_{48}	0,7595	30,2249
Die Marke Becel ist die Beste in Ihrer Produktkategorie.	Kompetenz	X_{49}	0,8343	44,9030
Die Marke Becel ist besser als andere Marken.	Kompetenz	X_{410}	0,7915	35,2164
Die Marke Becel erfüllt Ihren Zweck besser als andere Marken.	Kompetenz	X_{411}	0,8355	43,0685

Tabelle 9: Operationalisierung des Konstruktes Markenvertrauen

Die Ergebnisse zeigen, dass Kreuzladungen auftreten und einige Indikatoren zu geringe Ladungen aufweisen. Somit wird eine alternative Faktorlösung gewählt. Vor dem Hintergrund der beschriebenen Konzeptualisierung des Konstruktes Vertrauen, wird die Anzahl der zu extrahierenden Faktoren erhöht. Die Konstrukte Glaubwürdigkeit, Integrität, Wohlwollen und

[448] Vgl. Huber et al. (2007), S. 93.

Kompetenz stellen zwar Dimensionen eines übergeordneten Konstruktes dar, sind aber dennoch inhaltlich voneinander abgrenzbar. Dies spiegelt sich auf Messmodellebene wider. In einem zweiten Schritt wird deshalb eine Zehn-Faktor-Lösung überprüft. Diese zeigt nach Ansicht der rotierten Komponentenmatrix bessere Ergebnisse, da weniger Kreuzladungen und höhere Faktorladungen erzielt werden können. Dennoch ist der Indikator X_{42} der Dimension Glaubwürdigkeit aus dem Modell zu eliminieren, da die Ladung mit einem Wert von 0,4323 als zu gering bewertet wird. Der Indikator wird entfernt und eine erneute Bestimmung der rotierten Komponentenmatrix erfolgt. Alle Indikatoren einer Dimension von Vertrauen laden auf unterschiedliche Komponenten und weisen Faktorladungen von über 0,6 auf. Somit kann dem Messmodell Unidimensionalität zugesprochen werden. Die restlichen Gütekriterien im Hinblick auf Konvergenz, Diskriminanz und Vorhersagevalidität sind ebenso erfüllt und können nachfolgender *Tabelle 10* entnommen werden.

Konvergenz	
DEV	0,6640
Konstruktreliabilität	0,9470
Diskriminanz	
Fornell-Larcker-Kriterium	erfüllt
Vorhersagevalidität	
Stone-Geissers Q^2	erfüllt
Unidimensionalität	erfüllt

Tabelle 10: Gütekriterien auf Messmodellebene für das Konstrukt Markenvertrauen

4.3.4 Zielorientiertes Verhalten

Die Operationalisierung für das Konstrukt der wahrgenommenen Verhaltenskontrolle orientiert sich an einer Studie von *Armitage* und *Conner (1999b).* Die Studie berücksichtigt insbesondere die Konzeptualisierung des Konstruktes in Bezug auf Selbstwirksamkeitserwartungen und wahrgenommene Kontrolle. Die Autoren entwickeln durch die Sichtung relevanter Literatur zwei separate Skalen für die jeweiligen Konstrukte. Insgesamt werden sieben Indikatoren zur Messung beider Konstrukte formuliert, die im Hinblick auf *Cronbach's* Alpha ausreichende Werte aufweisen.[449] Da innerhalb der vorliegenden Studie die jeweiligen Konstrukte genutzt werden, um ein übergeordnetes Konstrukt zu reflektieren, wird aus Gründen der gleichmäßigen Gewichtung beider Dimensionen auf einen Indikator verzichtet. Somit werden für Selbstwirksamkeitserwartungen sowie PCB jeweils drei Indikatoren verwendet. Aufgrund der geringeren Faktorladung im Vergleich zu den restlichen Indikatoren

[449] Vgl. Armitage/Conner (1999b), S. 77.

zur Messung der Selbstwirksamkeit wird dieser nicht in die vorliegende Studie mit aufgenommen. Hierbei ist anzumerken, dass die Form der Fragestellung auf den Kontext der Studie angepasst wird. Die Frage wird in eine passive Fragestellung umgewandelt, da hier das induzierte Gefühl der Kontrollmöglichkeit durch die Produkte der Marke *Becel* im Vordergrund steht. Es ist zu prüfen, ob das Produkt dem Konsumenten ein gesteigertes Gefühl von Kontrolle sowie Selbstwirksamkeitserwartungen zu vermitteln vermag. Somit wird das Konstrukt wahrgenommene Verhaltenskontrolle mit dem Zusatz „induziert“ versehen, wobei dies durch die Formulierung „geben mir das Gefühl“ zum Ausdruck gebracht werden soll. Die verwendeten Indikatoren können *Tabelle 11* entnommen werden.

Indikator	**Nr.**	**Faktorladung**	**t-Wert**
Die Produkte von der Marke Becel			
...geben mir das Gefühl, dass ich die Fähigkeit habe, mich in den kommenden Wochen cholesterinbewußt zu ernähren.	X_{51}	0,9051	57,5319
...stimmen mich zuversichtlich, dass ich mich cholesterinbewußt ernähren kann.	X_{52}	0,9176	74,9589
...vermitteln mir das Gefühl, dass ich dazu in der Lage bin, mich cholesterinbewußt zu ernähren.	X_{53}	0,9209	133,0067
...geben mir das Gefühl, dass eine cholesterinbewußte Ernährung völlig in meiner Verantwortung liegt.	X_{54}	0,8479	37,4459
...geben mir das Gefühl, dass ich die volle Kontrolle darüber habe, mich cholesterinbewußt zu ernähren.	X_{55}	0,8860	58,7645
...geben mir das Gefühl, dass eine cholesterinbewußte Ernährung allein von mir abhängt.	X_{56}	0,7597	21,2189

Tabelle 11: Operationalisierung des Konstruktes PBC

Gemäß der vorgeschlagenen Konzeptualisierung für das Konstrukt beschreibt die Operationalisierung einen reflektiven Zusammenhang. Auch *Scholz* und *Schwarzer(2005)* sprechen die Empfehlung aus, einen Gesamtwert aus beiden Komponenten zu bilden.[450] Alle Faktorladungen weisen einen signifikanten Einfluss auf das Konstrukt der wahrgenommenen Verhaltenskontrolle auf. Das Gütekriterium der Unidimensionalität erfordert an dieser Stelle eine genauere Betrachtung. Die beiden Komponenten Selbstwirksamkeit und PCB laden auf zwei unterschiedliche Faktoren innerhalb der Faktorenanalyse mittels SPSS. Vor dem Hintergrund

[450] Vgl. Scholz/Schwarzer (2005), S. 396.

einer reflektiven Operationalisierung erscheint das Gütekriterium somit als nicht erfüllt. Dennoch argumentiert *Ajzen (2002)* im Hinblick auf die hierarchische Konzeptualisierung von PBC, dass die zugrunde liegenden Komponenten Selbstwirksamkeit und PCB durchaus reliabel voneinander zu trennen sind, auch wenn diese miteinander korrelieren und ein Konstrukt höherer Ordnung formen.[451] Aufgrund dieses Sachverhaltes wird, diesen Überlegungen folgend, das Kriterium der Unidimensionalität als erfüllt angesehen. Die weiteren Kriterien auf Messmodellebene sind ebenso erfüllt und *Tabelle 12* zu entnehmen.

Konvergenz	
DEV	0,7650
Konstruktreliabilität	0,9510
Diskriminanz	
Fornell-Larcker-Kriterium	erfüllt
Vorhersagevalidität	
Stone-Geissers Q^2	erfüllt
Unidimensionalität	erfüllt

Tabelle 12: Gütekriterien auf Messmodellebene für das Konstrukt PBC

Die Operationalisierung des Konstruktes Ergebniserwartung orientiert sich an einer Studie von *Bagozzi* und *Edwards (2000)*.[452] Die Autoren operationalisieren das Konstrukt anhand einer zu treffenden Einschätzung der Wahrscheinlichkeit über den Beitrag des zielgerichteten Verhaltens zur Zielerreichung. Den Probanden wird eine Fünf-Punkt-Skala mit den Skalenpunkten „very unlikely", „unlikely", „neither unlikely nor likely", „likely" und „very likely" präsentiert. In Bezug auf die Reliabilität weist die Skala mit einem Wert von 0,7 eine ausreichende Güte auf.[453] Für die vorliegende Studie wird diese Skala aus Gründen der Konsistenz in eine siebenstufige *Likert*-Skala umgewandelt. Auf Basis eigener Überlegungen wird dem Messmodell ein zweiter Indikator hinzugefügt, der ebenso eine Einschätzung über den Beitrag des zielgerichteten Verhaltens zur Zielerreichung zum Ausdruck bringen soll. Hierzu wird das Item „sicher" verwendet, anhand dessen die Probanden eine Beurteilung vornehmen sollen. Die Items sowie die zugehörigen Faktorladungen und t-Werte sind nachstehender *Tabelle 13* zu entnehmen.

[451] Vgl. Ajzen (2002), S. 679.
[452] Vgl. Bagozzi/Edwards (2000), S. 260.
[453] Vgl. Bagozzi/Edwards (2000), S. 262.

Indikator	Nr.	Faktorladung	t-Wert
Dass die Produkte von Becel für meine gesunde Ernährung einen effektiven Beitrag leisten, halte ich für			
...wahrscheinlich	X_{61}	eliminiert	---
...sicher	X_{62}	1,0000	0,0000

Tabelle 13: Operationalisierung des Konstruktes positive Ergebniserwartungen

Das Konstrukt wird reflektiv operationalisiert, da beide Indikatoren eine Einschätzung über den Beitrag der Zielerreichung messen sollen und somit das Konstrukt widerspiegeln. Beide Indikatoren weisen eine ausreichende Faktorladung auf, allerdings wird der Indikator X_{61} aus dem Messmodell eliminiert, da er bei der Überprüfung auf Unidimensionalität eine zu geringe Faktorladung (0,3359) aufweist. Der verbleibende Indikator X_{62} weist eine Kreuzladung auf die Komponente Glaubwürdigkeit, als Dimension von Vertrauen, auf. Eine mögliche Erklärung für diesen Sachverhalt liegt in der Begriffsbestimmung des Konstruktes begründet. Glaubwürdigkeit reflektiert innerhalb dieser Studie die Fähigkeiten und Expertise einer Marke. Für die Indikatoren wurden die Formulierungen „Produkte von Becel zu kaufen, ist wie eine Garantie.“ und „Die Produkte der Marke Becel geben mir ein Gefühl von Sicherheit.“ genutzt, um ein Urteil der Probanden über die Fähigkeit der Marke in Bezug auf das Produktversprechen zu erhalten. Wie später noch gezeigt wird,[454] besteht ein positiver Zusammenhang zwischen dem Vertrauenskonstrukt und den nachgelagerten Ergebniserwartungen.

Positive Ergebniserwartungen sind kausal abhängig von diesem Konstrukt. Eine hohe Glaubwürdigkeit als Dimension von Vertrauen leistet somit einen Beitrag für die Bildung positiver Ergebniserwartungen. So erstaunt es nicht, dass die jeweiligen Indikatoren eine gleichgerichtete Ladung aufweisen. Ferner misst das Item für Ergebniserwartungen eine globale Einschätzung über die Wirksamkeit durch die Formulierung „sicher“. Diese Wortwahl ähnelt semantisch den genutzten Items für Glaubwürdigkeit (Sicherheit und Garantie). Nachfolgende *Tabelle 14* fasst die Ergebnisse der Schätzung zusammen. Durch die Eliminierung verbleibt nur noch ein Indikator zur Operationalisierung des Konstruktes.

[454] Vgl. Kapitel 4.4.

Konvergenz	
DEV	1,0000
Konstruktreliabilität	1,0000
Diskriminanz	
Fornell-Larcker-Kriterium	erfüllt
Vorhersagevalidität	
Stone-Geissers Q^2	nicht erfüllt
Unidimensionalität	nicht erfüllt

Tabelle 14: Gütekriterien auf Messmodellebene für das Konstrukt positive Ergebniserwartungen

Der Indikator erfüllt folglich nicht die Ansprüche an die geforderten Gütekriterien, da diese nicht vollständig messbar sind. In der Literatur werden Skalen mit nur einem Item oft als fehlerhaft betrachtet.[455] Längere Skalen gelten allgemein als reliabler als kurze Skalen.[456] Die Autoren *Fuchs* und *Diamantopoulos (2009)* entwickeln jedoch Kriterien, die zur Beurteilung der Akzeptanz von Skalen mit einem Indikator herangezogen werden können.

Zur Messung komplexer Konstrukte können globale Fragen, die auf einen Gesamteindruck abzielen, herangezogen werden. Dabei wird unterstellt, dass die Probanden automatisch relevante Aspekte zur Beurteilung des Konstruktes mit einbeziehen. Als Beispiel nennen die Autoren die Frage „Overall, how satisfied are you with your job"? [457] Die Verwendung der Messung mit einem Item sollte jedoch insbesondere ihr Augenmerk auf ein einheitliches Verständnis der Probanden über das Konstrukt legen, um missverständliche Interpretationen zu vermeiden.[458] Steht das zu operationaliserende Konstrukt im Fokus der Studie bzw. ist es das Ziel des Forschers ein tiefes Verständnis über das Konstrukt zu erlangen, sollte auf den Einsatz einzelner Messinstrumente verzichtet werden. Sind bestehende Skalen hingegen durch eine hohe semantische Redundanz gekennzeichnet, empfiehlt sich der Einsatz von einzelnen Indikatoren. Bedingt durch die identische Messung innerhalb der Multi-Item-Skala werden einige Aspekte des Konstruktes möglicherweise stärker gewichtet und führen somit zu Messfehlern.[459] Positive Ergebniserwartungen stellen ein durchaus komplexes Konstrukt dar. Die möglichen antizipierten Konsequenzen einer Handlung für den jeweiligen Probanden sind sehr vielschichtig. Somit kann die globale Messung des Konstruktes durch ein verbleibendes Item gerechtfertigt werden. Dennoch werden neben einer globalen Einschätzung der Proban-

[455] Vgl. Fuchs/Diamantopoulos (2009), S. 196.
[456] Vgl. Fuchs/Diamantopoulos (2009), S. 201.
[457] Fuchs/Diamantopoulos (2009), S. 204.
[458] Vgl. Fuchs/Diamantopoulos (2009), S. 204.
[459] Vgl. Fuchs/Diamantopoulos (2009), S. 205.

den über die Wahrscheinlichkeit eines positiven Ergebnisses, konkrete Fragen zu dem Konstrukt Ergebniserwartungen formuliert. Dies geschieht vor dem Hintergrund der Gewinnung eines besseren Verständnisses der Probanden über das Konstrukt. Gemäß den Überlegungen *Banduras (1997)*,[460] reflektieren Ergebniserwartungen physische, soziale und selbstwertende Aspekte. Die folgenden Indikatoren werden in Anlehnung an die Studie von *Sheeska* und *Woolcot (1993)* formuliert. Die Autoren entwickeln eigenständig eine Skala mit Items, die alle Konsequenzen einer gesunden Ernährungsweise reflektieren.[461] Die Indikatoren sind nachstehender *Tabelle 15* zu entnehmen.

Indikator	**Nr.**
Die Produkte von der Marke Becel können einen effektiven Beitrag leisten, um	
...meinen Cholesterinspiegel zu senken.	Y_1
...mein Wohlbefinden zu steigern.	Y_2
...das Risiko von Herzerkrankungen im Alter zu reduzieren.	Y_3
...meine Gesundheit zu erhalten.	Y_4
...mein Gewicht zu reduzieren / halten.	Y_5

Tabelle 15: Operationalisierung der konkreten Ergebniserwartungen

Da die beschriebenen Fragen nicht zur Operationalisierung eines Konstruktes innerhalb der Modellschätzung verwendet werden, erfolgt keine Überprüfung der entsprechenden Gütekriterien. Die Fragen leisten lediglich einen Beitrag zu einem verbesserten Verständnis über die Ausgestaltung der positiven Ergebniserwartungen bei den befragten Personen. Im Zuge der deskriptiven Auswertung in Kapitel 4.5 erfolgt eine Analyse der Korrelation zwischen den globalen und konkreten Ergebniserwartungen.

Abschließend ist die Zielgröße des postulierten Modells, die Kaufabsicht, zu operationalisieren. Die Indikatoren werden einer Studie von *Dodds, Monroe* und *Grewal (1991)* entnommen. Die Autoren untersuchen den Einfluss von Preis, Verkaufsstätte und der Marke auf die Kaufabsicht des Konsumenten. Sie bezeichnen das Messinstrumentarium für die Kaufabsicht als „willingness to buy“.[462] Die Autoren formulieren insgesamt fünf Items, wobei zwei davon

[460] Vgl. Kapitel 2.1.4.
[461] Vgl. Sheeshka/Woolcott (1993), S. 1572.
[462] Dodds/Monroe/Grewal (1991), S. 318.

direkt auf den Preiseffekt abzielen.[463] Aus Gründen der Sparsamkeit werden für diese Studie zwei Indikatoren mit der Formulierung „likelihood of purchasing" und „willingness to buy" aufgenommen.[464] Die Items beziehen sich bereits auf den Kauf eines Produktes. Für diese Studie werden die Items um die Angabe der Marke des Produktes ergänzt und in eine *Likert*-Skala umgewandelt. Die verwendeten Indikatoren sowie die jeweiligen Faktorladungen und t-Werte können der *Tabelle 16* entnommen werden.

Indikator	**Nr.**	**Faktorladung**	**t-Wert**
Ich beabsichtige, Produkte von der Marke Becel zu kaufen.	X_{71}	0,9785	292,8421
Ich halte es für wahrscheinlich, dass ich Produkte von der Marke Becel kaufe.	X_{72}	0,9752	188,5839

Tabelle 16: Operationalisierung des Konstruktes Kaufabsicht

Auch dieses Konstrukt beschreibt einen reflektiven Zusammenhang, da beide Indikatoren darauf abzielen, eine Einschätzung über die Intention zu erhalten. Ändern sich die jeweiligen Ausprägungen der Indikatoren, wird sich auch der Gesamtwert des Konstruktes ändern. Die Faktorenladungen sowie die zugehörigen t-Werte erfüllen die erforderlichen Kriterien an die Güte der Schätzung. Somit muss kein Indikator eliminiert werden. Nachstehender *Tabelle* sind die restlichen Gütekriterien zu entnehmen.

Konvergenz	
DEV	0,9540
Konstruktreliabilität	0,9770
Diskriminanz	
Fornell-Larcker-Kriterium	erfüllt
Vorhersagevalidität	
Stone-Geissers Q^2	erfüllt
Unidimensionalität	erfüllt

Tabelle 17: Gütekriterien auf Messmodellebene für das Konstrukt Kaufabsicht

463 Die Autoren ergänzen die Items mit „at the price shown". Vgl. Dodds/Monroe/Grewal (1991), S. 318.

464 Auf das Item „The probability that I would consider buying the product is: (very high to very low)" wird verzichtet, da es ebenso auf die Einschätzung der Wahrscheinlichkeit abzielt und eine hohe Redundanz mit den bereits aufgenommenen Item aufweist.

4.3.5 Moderierende Variablen

Die erste moderierende Variable in dem vorgestellten Modell, die es zu operationalisieren gilt, ist das Motiv für die Lebensmittelauswahl. Ziel ist es, das zugrunde liegende übergeordnete Ziel für die Auswahl eines Produktes zu identifizieren. Es soll die Frage nach dem *Was* beantworten. Gesundheitliche Faktoren spielen augenscheinlich nicht die einzige Rolle bei der Auswahl von Lebensmitteln. Vielmehr existieren weitere Faktoren, die von Bedeutung für die Kaufentscheidung sein können. Insbesondere der Geschmack, natürliche Zutaten oder die Verpackung können einen Einfluss auf die Kaufentscheidung haben. Oftmals entscheiden sich Konsumenten für gesunde Produkte vornehmlich jedoch aus Sorge um die Figur und nicht um die Gesundheit.[465]

Die vorliegende Studie orientiert sich bei der Messung des Konstruktes an der Studie von *Steptoe, Pollard und Wardle (1995)*. Innerhalb dieser Studie wird ein so genannter *Food Choice Questionnaire* auf Basis einer Faktorenanalyse entwickelt. Die Autoren ermitteln zunächst durch Literaturstudium sowie Expertendiskussion insgesamt 68 Indikatoren, die ein weites Spektrum an Motiven abdecken.[466] Mit Hilfe einer Faktorenanalyse werden neun Dimensionen reduziert. Items, die zu geringe Ladungen oder Kreuzladungen aufweisen, werden eliminiert. Die jeweils stärksten und eindeutigsten Items werden für einen Faktor beibehalten.[467] Somit reduziert sich die Anzahl der Items auf 36. Die vorliegende Studie stützt sich auf die Erkenntnisse der Faktoranalyse und nimmt diese als Basis, um den Moderator Motiv zu operationalisieren. Aus Gründen der Sparsamkeit im Hinblick auf den Umfang der Studie, werden nicht alle 36 Items aufgenommen. Die Auswahl beschränkt sich auf die Indikatoren mit der höchsten Faktorladung auf den jeweiligen Faktor bzw. das identifizierte Motiv. Es erfolgt eine Einschränkung auf die zwei stärksten Items. Lediglich bei den Motiven Gesundheit und Gewichtskontrolle werden drei Indikatoren ausgewählt, da diesen Faktoren vor dem Hintergrund gesunder Ernährung für die Studie eine erhöhte Bedeutung zukommt. In nachstehender *Tabelle* sind alle Items sowie das jeweilige Motiv aufgelistet.

[465] Vgl. Steptoe/Pollard/Wardle (1995), S. 268.
[466] Vgl. Steptoe/Pollard/Wardle (1995), S. 270.
[467] Vgl. Steptoe/Pollard/Wardle (1995), S. 270 f.

Indikator	**Dimension**	**Nr.**
Es ist mir wichtig, dass die Lebensmittel, die ich täglich zu mir nehme,		
...viele Vitamine und Mineralien enthalten.	Gesundheit	M_1
...mich gesund halten.	Gesundheit	M_2
...nahrhaft sind.	Gesundheit	M_3
...mir helfen, mit dem Alltagsstress fertig zu werden.	Stimmung	M_4
...mir helfen, mich zu entspannen.	Stimmung	M_5
...einfach zuzubereiten sind.	Komfort	M_6
...in Supermärkten in meiner Nähe erhältlich sind.	Komfort	M_7
...gut riechen.	Sensorische Ansprache	M_8
...ansprechend aussehen.	Sensorische Ansprache	M_9
...keine Zusatzstoffe enthalten.	Natürliche Zutaten	M_{10}
...natürliche Zutaten enthalten.	Natürliche Zutaten	M_{11}
...wenig Kalorien enthalten.	Gewichtskontrolle	M_{12}
...mich dabei unterstützen, mein Gewicht zu halten.	Gewichtskontrolle	M_{13}
...wenig Fett enthalten.	Gewichtskontrolle	M_{14}
...günstig sind.	Preis	M_{15}
...nicht teuer sind.	Preis	M_{16}
...das sind, was ich normalerweise esse.	Vertrautheit	M_{17}
...mir bekannt sind.	Vertrautheit	M_{18}
...das Herkunftsland deutlich auf der Verpackung ausweisen.	Ethische Bedenken	M_{19}
...umweltfreundlich verpackt sind.	Ethische Bedenken	M_{20}

Tabelle 18: Operationalisierung des Moderators Motiv

Weiterhin ist das Involvement mit gesunder Ernährung für die vorliegende Studie zu operationalisieren. Das Involvement beschreibt die subjektiv wahrgenommene Wichtigkeit eines Objektes.[468] Die Operationalisierung des Involvements orientiert sich hier an einer Studie von *Jayanti* und *Burns (1998)* zur Identifikation von Einflussfaktoren auf ein präventives Gesundheitsverhalten.[469] Allerdings erfassen die Autoren innerhalb der Studie das Konstrukt „Health Conciousness". Dieses beschreibt die Integration von gesundheitsbezogenen Anliegen in den Alltag eines Individuums.[470] Die gewählten Indikatoren innerhalb der genannten Studie erscheinen als geeignet, die Relevanz eines Bezugsobjektes zum Ausdruck zu bringen.

[468] Vgl. Zaichkowsky (1985), S. 343.
[469] Vgl. Jayanti/Burns (1998).
[470] Vgl. Jayanti/Burns (1998), S. 10.

Insbesondere die Formulierungen „I am interested" und „I am concerned" bringen dies zum Ausdruck.[471] Ferner sind diese Indikatoren in dem Inventar zur Messung des Involvement Konstruktes nach *Zaichkowsky (1985)* zu finden.[472] Die Studie von *Jayanti* und *Burns (1998)* erscheint für den Kontext dieser Studie als geeignet, da sie bereits Indikatoren für eine gesunde Ernährung enthält. Ferner werden jedoch zwei weitere Indikatoren gemäß des Inventars nach *Zaichkowsky (1985)* formuliert. In dieser Studie wird das Involvement mit gesunder Ernährung, als Zielorientierung für die Konsumenten, erfasst. Die Indikatoren sind *Tabelle 19* zu entnehmen.

Indikator	**Nr.**
Welche Rolle spielt gesunde Ernährung in Ihrem Leben?	
Ich bin interessiert an Informationen über meine Gesundheit.	I_1
Ich lese gerne Artikel über Ernährung.	I_2
In der Regel lese ich mir die Inhaltsstoffe und/oder die Nahrungsmittelangaben auf Lebensmittelverpackungen durch.	I_3
Gesunde Ernährung ist für mich wichtig.	I_4
Gesunde Ernährung bedeutet mir viel.	I_5

Tabelle 19: Operationalisierung des Moderators Involvement

Abschließend ist der Moderator positive antizipierte Emotionen zu operationalisieren. Die Indikatoren für diese Studie stützen sich auf eine Arbeit von *Perugini* und *Bagozzi (2001)*. Die Autoren formulieren insgesamt elf Indikatoren zur Messung von positiven antizipierten Emotionen gegenüber dem Ziel des Individuums.[473] Die verwendete einleitende Fragestellung wurde entsprechend auf den Untersuchungsgegenstand dieser Studie, d. h. gesunde Ernährung, angepasst. Unter Berücksichtigung des Umfangs des Fragebogens werden für diese Studie drei Indikatoren ausgewählt, die am ehesten dazu geeigneten scheinen, eindeutig positive Gefühle des Probanden zu reflektieren.[474]

[471] Vgl. Jayanti/Burns (1998), S. 14.
[472] Vgl. Zaichkowsky (1985), S. 350.
[473] Vgl. Perugini/Bagozzi (2001), S. 86.
[474] Die Autoren machen zu der Güte der Messmodelle keine detaillierten Angaben für jeden Indikator, sodass nicht auf deren Faktorladungen zurückgegriffen werden kann. Insgesamt stellen die Autoren eine ausreichende Güte des Messinstrumentariums fest, sodass eine Auswahl von drei Indikatoren für diese Studie vertretbar scheint. Vgl. Perugini/Bagozzi (2001), S. 88.

Indikator	**Nr.**
Wenn Sie daran denken, eine gesunde Ernährung einzuhalten bzw. zu erreichen– wie fühlen sie sich dabei?	
gut	AE_1
zufrieden	AE_2
glücklich	AE_3

Tabelle 20: Operationalisierung des Moderators antizipierte Emotionen

Die moderierende Variable Alter wird im Zusammenhang mit der Erfassung soziodemographischer Daten erhoben. Das Alter wird dabei offen abgefragt, um eine möglichst freie Skalierung der Altersgruppen nach Datenerhebung zu erlauben.

4.4 Überprüfung auf Strukturmodellebene

4.4.1 Erhebungsgesamtheit

Da nun die Überprüfung des Messmodells auf eine ausreichende Güte hin abgeschlossen ist, widmet sich der folgende Abschnitt der Überprüfung auf Strukturmodellebene. Im Zentrum der Betrachtung stehen die in Kapitel 3.3 hergeleiteten Hypothesen zur Evaluierung der zentralen Rolle von Vertrauen bei der zielgerichteten Produktauswahl anhand der erhobenen Daten für das gewählte Beispiel der Marke *Becel*.

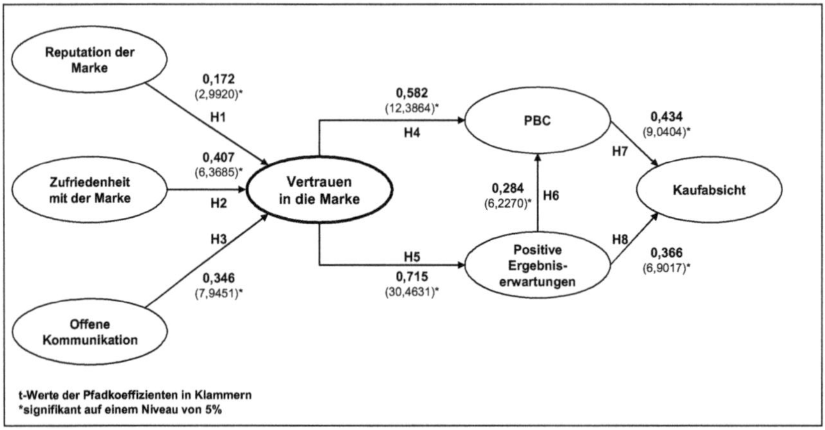

Abbildung 10: Modellzusammenhänge mit Pfadkoeffizienten und t-Werten - Erhebungsgesamtheit

Aus der *Abbildung* geht hervor, dass alle Pfadkoeffizienten den Wert von 0,1 übersteigen. Ebenfalls erfüllen die zugehörigen t-Werte der Schätzung die Anforderungen an ein

Signifikanzniveau in Höhe von 5%, da sie den kritischen Wert von 1,98 übersteigen. Demzufolge werden für die Erhebungsgesamtheit alle postulierten Hypothesen angenommen. *Tabelle 21* fasst die Ergebnisse noch einmal zusammen.

Hypothese	Pfadkoeffizient	t-Wert	Ergebnis
H1	0,172	2,9920	beibehalten
H2	0,407	6,3685	beibehalten
H3	0,346	7,9451	beibehalten
H4	0,582	12,3864	beibehalten
H5	0,715	30,4631	beibehalten
H6	0,284	6,2270	beibehalten
H7	0,434	9,0404	beibehalten
H8	0,366	6,9017	beibehalten

Tabelle 21: Überprüfung der Hypothesen - Erhebungsgesamtheit

Um dem Strukturmodell eine ausreichende Güte bescheinigen zu können, werden im Folgenden das Bestimmtheitsmaß R^2, der VIF und *Stone-Geissers* Q^2. Das Bestimmtheitsmaß liegt bei allen betrachteten endogenen Konstrukten deutlich über 0,3, sodass von einer ausreichenden Erklärung der Varianz durch die kausal vorgelagerten Konstrukte gesprochen werden kann. Die Überprüfung auf Multikollinearität mit Hilfe des VIF ergibt, dass die relevanten Konstrukte des Modells unabhängig voneinander sind und somit Verzerrungen der Schätzparameter auszuschließen sind. Schließlich kann auch von Vorhersagevalidität gesprochen werden, da alle Konstrukte einen Wert größer als Null für Stone-Geissers Q^2 annehmen. Die jeweiligen Werte für die endogenen reflektiven Konstrukte sind *Tabelle 22* zu entnehmen.

Konstrukt	R^2	Q^2	VIF (höchster Wert)
Vertrauen	0,6417	0,3410	2,1739
wahrgenommene Verhaltenskontrolle	0,6555	0,4692	2,0747
positive Ergebniserwartungen	0,5107	0,4297	---
Kaufabsicht	0,5454	0,4606	1,9531

Tabelle 22: Werte für R2, VIF und Q2 für die endogenen Konstrukte für die Erhebungsgesamtheit

Neben den direkten Einflüssen können auch indirekte Effekte einzelner Konstrukte auf nachgelagerte Variablen berechnet werden. Diese beschreiben den Einfluss antezedenter Variablen, die über nachgelagerte Variablen auf eine Größe wirken. Sind diese ermittelt, lassen sich Totaleffekte eines Konstruktes berechnen, um dessen Einfluss nicht zu unterschätzen.[475] Innerhalb dieser Studie ist es von besonderem Interesse, die indirekten Effekte der zentralen Größe Markenvertrauen auf das Zielkonstrukt zu ermitteln, sowie den Einfluss des Zusammenhangs von Ergebniserwartungen und wahrgenommener Verhaltenskontrolle. Nach Addition aller indirekten Effekte von Vertrauen auf die Kaufabsicht ergibt sich ein Totaleffekt von 0,602. Dies unterstreicht noch einmal die besondere Bedeutung des Konstruktes, auch im Zusammenhang mit der Zielgröße für das postulierte Modell. Ebenso erhöht sich nach der Berechnung des Totaleffektes der Einfluss der positiven Ergebniserwartungen. Durch den beschriebenen Wirkungszusammenhang mit PBC ergibt sich ein Totaleffekt von 0,489 auf die Kaufabsicht. Somit übersteigt dieser Wert nun den Pfadkoeffizienten der Hypothese H7 und kann als insgesamt stärkster Effekt auf die Kaufabsicht bezeichnet werden.

4.4.2 Moderator Motiv

Nachdem die Überprüfung des Hypothesengefüges in der Erhebungsgesamtheit abgeschlossen ist, erfolgt nun eine Überprüfung der Teilsample hinsichtlich der definierten Moderatoren für die vorliegende Studie. Gegenstand des Interesses sind zum einen die Signifikanzen der postulierten Hypothesen innerhalb der Teilsample und zum anderen die Prüfung auf signifikante Unterschiede der Schätzparameter zwischen den Teilsampeln.[476] Bei der Auswahl von Lebensmitteln können vielfältige Motive eine Rolle spielen. Das vorliegende Buch versucht, unterschiedliche Motive der Konsumenten auf Basis des *Food Choice Questionnaires*[477] nach *Steptoe, Pollard* und *Wardle (1995)* zu betrachten. Es gilt, mögliche Unterschiede im Verhalten aufgrund der jeweiligen Motive zu identifizieren. Dabei ist es insbesondere von Interesse, ob sich Vertrauen in die Marke als zentrales Element erweist und für unterschiedliche Zielsetzungen relevant ist. Zur Identifikation relevanter Motive wird das Verfahren der Clusteranalyse eingesetzt. Die Aufgabe der Clusteranalyse besteht darin, Klassen zu bilden, die hinsichtlich der erhobenen Merkmale in sich homogen und untereinander heterogen sind.[478] Somit weisen Objekte innerhalb eines Clusters eine hohe Ähnlichkeit auf und unterscheiden

[475] Vgl. Huber et al. (2007), S. 116 f.
[476] Vgl. Kapitel 4.1.4.
[477] Der Umfang des *Food Choice Questionnaires* wurde, wie in Kapitel 4.3 beschrieben, reduziert.
[478] Vgl. Backhaus et al. (2008), S. 391.

sich vom Rest der Erhebungsgesamtheit. Zur Ermittlung verschiedener Cluster kommen die Indikatoren zur Operationalisierung des Moderators Motiv zum Einsatz. Die Studie von *Steptoe* und Kollegen *(1995)* dient als Grundlage für die Zuordnung der Indikatoren zu jeweiligen Motiven. Diese wurden bereits innerhalb der Studie im Rahmen der Faktorenanalyse auf entsprechende Güte der Lösung überprüft. Die Analyse der Daten erfolgt hierbei mit dem Programm SPSS.[479] Zunächst erscheint es sinnvoll, die vorliegenden Daten auf Ausreißer hin zu untersuchen. Dies sind Objekte, die keinem Cluster zugeordnet werden können.[480] Zur Identifikation von Ausreißern bietet sich ein hierarchisches Verfahren an. Ebenso ist es zweckdienlich, zunächst einen hierarchischen Fusionierungsalgorithmus zu wählen, um die mögliche Clusteranzahl zu bestimmen. Das Ergebnis wird im Anschluss mittels einer Clusterzentrenanalyse optimiert.[481] Hierarchische Verfahren zeichnen sich dadurch aus, dass sie von der feinsten Startpartition ausgehen und iterativ neue Clusterlösungen bilden. Demnach repräsentiert zu Beginn der Analyse jedes Objekt ein Cluster.[482] Auf Basis der hierarchischen Clusteranalyse wird ein Datensatz als Ausreißer identifiziert und dementsprechend aus der Grundgesamtheit entfernt. Nach Analyse des Dendogramms wird eine Lösung mit 3 oder 4 Clustern in Betracht gezogen, sodass im nächsten Schritt die Clusterzentrenanalyse durchgeführt wird, um die zwei Optionen näher zu beleuchten. Das Verfahren sucht nach der optimalen Zuordnung der Objekte zu der vorgegebenen Clusteranzahl. Ausgangspunkt der Analyse ist eine zufällig ausgewählte Startpartition. Darauf folgend werden schrittweise die Clusterzentren berechnet und es erfolgt eine Zuordnung der Objekte auf Basis der kleinsten Distanzwerte.[483] Die Überprüfung der Clusteroptionen hat gezeigt, dass eine Lösung mit 4 Clustern homogenere Klassen ergibt und deshalb zu bevorzugen ist.

	Cluster 1	**Cluster 2**	**Cluster 3**	**Cluster 4**
Durchschnittliches Alter	40	45	37	33
Weiblich	43 (55%)	74 (71%)	20 (42%)	83 (65%)
Männlich	35 (45%)	30 (29%)	28 (58%)	44 (35%)

Tabelle 23: Demographische Auswertung der Cluster

[479] Version 17.0.
[480] Vgl. Vollhardt (2007), S. 193.
[481] Vgl. Janssen/Laatz (2007), S. 490.
[482] Vgl. Backhaus et al. (2008), S. 412.
[483] Vgl. Janssen/Laatz (2007), S. 490.

Das Ergebnis der Clusterzentrenanalyse ist *Tabelle 24* zu entnehmen. Die Clusterzentren über alle Indikatoren hinweg geben einen Eindruck über die Ausprägung der Kriterien.

Indikator	Faktor	Cluster 1	Cluster 2	Cluster 3	Cluster 4
M_1	Gesundheit	6	6	4	5
M_2	Gesundheit	6	7	4	5
M_3	Gesundheit	5	6	4	5
M_4	Stimmung	4	6	3	4
M_5	Stimmung	4	6	3	4
M_6	Komfort	4	6	5	5
M_7	Komfort	4	6	5	6
M_8	sensorische Ansprache	5	6	4	5
M_9	sensorische Ansprache	5	6	4	5
M_{10}	Natürliche Zutaten	6	6	3	4
M_{11}	Natürliche Zutaten	6	6	4	5
M_{12}	Gewichtskontrolle	4	6	3	5
M_{13}	Gewichtskontrolle	4	6	3	5
M_{14}	Gewichtskontrolle	4	6	3	5
M_{15}	Preis	4	6	5	5
M_{16}	Preis	4	6	4	5
M_{17}	Vertrautheit	4	6	4	5
M_{18}	Vertrautheit	3	5	4	4
M_{19}	ethische Bedenken	6	6	3	4
M_{20}	ethische Bedenken	6	6	3	4
Arithmetisches Mittel		4,7	6	3,75	4,75
Anzahl Probanden		78	104	48	127

Tabelle 24: Clusterzentren mit jeweiliger Fallzahl

Zunächst fällt auf, dass innerhalb des Clusters 2 alle Clusterzentren mit Werten zwischen 5 und 7 relativ hoch ausgeprägt sind. So scheinen für diese Fallgruppe alle Kriterien gleichermaßen für die Kaufentscheidung relevant zu sein. Im Durchschnitt liegt das Clusterzentrum bei einem Wert von 6. Ein konträres Bild zeichnet sich in Cluster 3 ab. Mit einem Durchschnitt für die Clusterzentren von 3,75 weist es den geringsten Wert auf. Die Werte für die

Clusterzentren liegen meist bei 3 oder 4. Lediglich der Faktor Komfort sowie ein Indikator des Faktors Preis werden höher geschätzt mit jeweiligen Ausprägungen in Höhe von 5. Bei den verbleibenden Clustern verhält es sich weniger eindeutig. Beide liegen im Durchschnitt für die Clusterzentren bei 4,7, die Verteilung der jeweiligen Ausprägungen über die Faktoren hinweg gestaltet sich jedoch unterschiedlich. Für eine genauere Analyse werden für die Cluster t-Werte berechnet, die zur Interpretation der gefundenen Clusterlösung herangezogen werden. Eine Variable in dem jeweiligen Cluster gilt im Vergleich zur Erhebungsgesamtheit als unterrepräsentiert, wenn der t-Wert ein negatives Vorzeichen hat. Im Gegensatz dazu zeigen positive Werte an, dass ein Merkmal überrepräsentiert ist.[484]

Indikator	Faktor	Lohas	WantItAll	Indifferente	Figurbewusste
M_1	Gesundheit	**0,2743**	**0,7191**	-1,1662	-0,4156
M_2	Gesundheit	**0,0796**	**0,7527**	-1,2131	-0,2553
M_3	Gesundheit	-0,0744	**0,7163**	-0,8039	-0,2640
M_4	Stimmung	-0,2597	**0,6808**	-0,6244	-0,1516
M_5	Stimmung	-0,4517	**0,7159**	-0,5026	-0,1230
M_6	Komfort	-0,7870	**0,5873**	-0,1393	**0,0562**
M_7	Komfort	-0,6988	**0,5400**	-0,3176	**0,1009**
M_8	sensorische Ansprache	-0,1531	**0,4977**	-0,6574	-0,0641
M_9	sensorische Ansprache	-0,1878	**0,5234**	-0,7313	-0,0354
M_{10}	Natürliche Zutaten	**0,5256**	**0,6830**	-1,1221	-0,6913
M_{11}	Natürliche Zutaten	**0,5557**	**0,6838**	-1,2687	-0,7785
M_{12}	Gewichtskontrolle	-0,4675	**0,7631**	-1,3019	**0,1938**
M_{13}	Gewichtskontrolle	-0,4273	**0,7379**	-1,4287	**0,2307**
M_{14}	Gewichtskontrolle	-0,4647	**0,6659**	-1,1733	**0,2062**
M_{15}	Preis	-0,7114	**0,6321**	-0,2132	-0,0001
M_{16}	Preis	-0,6969	**0,6304**	-0,3305	**0,0387**
M_{17}	Vertrautheit	-0,7281	**0,6359**	-0,3299	**0,0450**
M_{18}	Vertrautheit	-0,7800	**0,6295**	-0,1525	**0,0258**
M_{19}	ethische Bedenken	**0,5257**	**0,6409**	-0,8299	-0,7409
M_{20}	ethische Bedenken	**0,4897**	**0,6804**	-0,8904	-0,7112

Tabelle 25: t-Werte zur Charakterisierung der Cluster[485]

[484] Vgl. Backhaus et al. (2008), S. 440.

[485] Positive Werte sind zur besseren Lesbarkeit fett hinterlegt.

Die Überprüfung der t-Werte ergibt im Hinblick auf die Cluster 2 und 3 ebenso ein eindeutiges Bild. Während in Cluster 2 alle t-Werte positiv ausgeprägt und somit im Vergleich zur Erhebungsgesamtheit überrepräsentiert sind, verhält es sich in Cluster 3 über alle Indikatoren hinweg gegensätzlich. Dementsprechend wird für Cluster 2 die Bezeichnung *WantItAll* gewählt. Dies bringt zum Ausdruck, dass diese Gruppe bei der Auswahl von Lebensmitteln sehr vielfältige Motive beachtet und als anspruchsvoll einzustufen ist. Wie *Tabelle 23* zu entnehmen ist, weisen die Probanden in diesem Cluster das höchste Durchschnittsalter auf und sind zu 71% weiblich. Cluster 3 hingegen wird mit der Bezeichnung *Indifferente* versehen. Die Probanden innerhalb dieses Clusters berücksichtigen auf Basis der vorliegenden Daten keine der abgefragten Kriterien für die Entscheidung beim Kauf von Lebensmitteln. Die Probanden in diesem Cluster sind durchschnittlich 37 Jahre jung und vorwiegend männlich. Zwischen den Clustern 1 und 4 zeichnet sich nun ein deutlicheres Bild im Vergleich zur Begutachtung auf Basis der Clusterzentren ab. Innerhalb des ersten Clusters sind die Indikatoren M_1 und M_2 überrepräsentiert (...enthalten viele Vitamine und Mineralien; ...halten mich gesund). Diese sind Teil des Faktors Gesundheit. Gleichwohl bedeutend für diese Gruppe sind die Indikatoren M_{10} und M_{11} (...keine Zusatzstoffe enthalten; ...natürliche Zutaten enthalten). Sie bringen den Faktor natürliche Zutaten zum Ausdruck. Ebenso weisen die Indikatoren M_{19} und M_{20} (...das Herkunftsland deutlich auf der Verpackung ausweisen; ...umweltfreundlich verpackt sind) positive t-Werte auf. Demnach berücksichtigen die Verbraucher dieses Clusters eine umweltfreundliche Verpackung sowie das Herkunftsland des Produktes. In Anbetracht der positiven t-Werte für die genannten Kriterien wird für dieses Cluster die Bezeichnung *Lohas* gewählt. Diese Bezeichnung steht für *Lifestyles of Health and Sustainability.*[486] Beide Geschlechter innerhalb dieses Clusters sind in etwa zu gleichen Teilen vertreten und das durchschnittliche Alter liegt bei 40 Jahren. Diese Gruppe legt Wert auf gesunde und natürliche Lebensmittel. Die Probanden berücksichtigen jedoch nicht allein den Konsum des Produktes, sondern ebenso ethische Aspekte der Herstellung des Produktes. Interessanterweise weist der Indikator M_{14} (...wenig Fett enthalten) keinen positiven Wert auf. Dies ist konsistent mit den Ergebnissen der Studie von *Steptoe* und Kollegen *(1995)*. Ein geringer Fettanteil des Produktes wird hierbei weniger in Verbindung mit Gesundheit gebracht als mit Aspekten der Gewichtskontrolle.[487] Cluster 4 hingegen weist durchgängig für alle t-Werte in Bezug auf Gewichtskontrolle positive Werte auf. Auch die Faktoren Vertrautheit mit dem Produkt (...das

[486] Vgl. Lohas.de (2009).
[487] Vgl. Steptoe/Pollard/Wardle (1995), S. 280.

sind, was ich normalerweise esse; ...mir bekannt sind) sowie Komfort (...einfach zuzubereiten sind; ...in Supermärkten in meiner Nähe erhältlich sind) sind in dieser Gruppe überrepräsentiert. Dennoch spielt bei diesen Probanden der Preis eine Rolle. Als mögliche Bezeichnung für diese Gruppe wurde der Begriff *Figurbewusste* gewählt. Innerhalb dieser Gruppe sind ebenfalls vorwiegend Frauen vertreten, die im Durchschnitt mit 33 Jahren am jüngsten sind. Das Alter könnte ein möglicher Hinweis darauf sein, warum Faktoren, die auf eine einfache und schnelle Lebensmittelauswahl hindeuten eine Rolle spielen. Jüngere Probanden achten mehr auf die Zubereitung ihrer Speisen bedingt durch weniger Zeit im Alltag.[488] Auch der hohe Anteil von Frauen, könnte für die Ausprägung der Faktoren Preis sowie Komfort sprechen, da diese meist für Einkäufe sowie die Zubereitung von Essen verantwortlich sind.[489]

Weiterhin werden die Clusterlösungen auf ihre Güte hin überprüft. Dies erfolgt mit Hilfe errechneter F-Werte. Diese geben Auskunft über die Homogenität der gefundenen Clusterlösung. Der F-Wert sollte einen Wert von 1 nicht übersteigen. In diesem Fall würde es bedeuten, dass die Varianz dieser Variablen in dem Cluster eine größere Heterogenität aufweist als in der Erhebungsgesamtheit.[490] Die Cluster 2 und 4 erweisen sich hierbei als vollständig homogen, womit von einer guten Erfüllung der Güte gesprochen werden kann. Bei Überprüfung der F-Werte für Cluster 1 erweisen sich fünf Werte als größer eins, wobei zwei Werte nur knapp über eins liegen (1,03112; 1,0886). Somit wird die Güte dieses Clusters als ausreichend betrachtet. Bei Clusterlösung 3 ist hingegen die Hälfte der F-Werte über der kritischen Größe. Somit kann dieses Cluster als nicht vollständig homogen bezeichnet werden. Ebenso weist es die geringste Samplegröße auf. Dennoch wird dieses Cluster in die Begutachtung der Schätzergebnisse mit einbezogen. Die Ergebnisse sollten jedoch unter Vorbehalt betrachtet werden. Dieser Sachverhalt wird bei der Interpretation der Daten entsprechend berücksichtigt.[491] Nach Erläuterung der Clusterlösung sowie der Bezeichnung der Cluster, erfolgt nun die Überprüfung der Hypothesen für jedes Cluster. Anschließend werden Gruppenunterschiede auf Signifikanz evaluiert. *Abbildungen 11-12* geben eine graphische Übersicht der Modellzusammenhänge für Cluster 1 und 2 mit den zugehörigen Pfadkoeffizienten und t-Werten.

[488] Vgl. Chambers et al. (2008), S. 356.
[489] Vgl. Steptoe/Pollard/Wardle (1995), S. 281.
[490] Vgl. Backhaus et al. (2008), S. 440.
[491] Eine Übersicht der F-Werte findet sich in Tabelle 42 im Anhang.

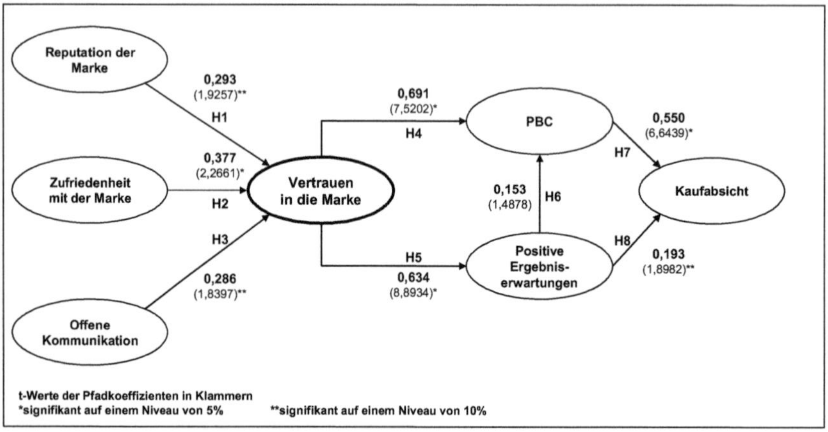

Abbildung 11: Modellzusammenhänge mit Pfadkoeffizienten und t-Werten - Cluster 1

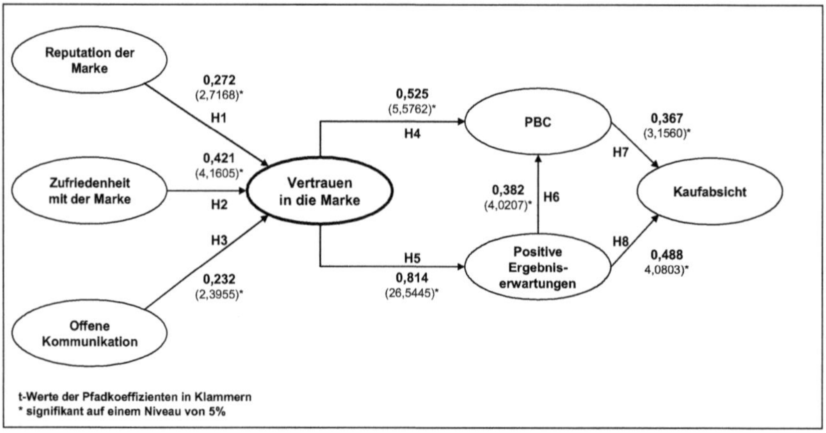

Abbildung 12: Modellzusammenhänge mit Pfadkoeffizienten und t-Werten - Cluster 2

Innerhalb des ersten Clusters, den *Lohas*, können die Hypothesen H2, H4, H5 und H7 bei einer Irrtumswahrscheinlichkeit von 5% beibehalten werden. Legt man ein Signifikanzniveau von 10% zugrunde, lassen sich auch die Hypothesen H1, H3 und H8 beibehalten. H6 wird aufgrund eines zu geringen t-Wertes abgelehnt. Somit existiert in diesem Cluster kein Einfluss der positiven Ergebniserwartungen auf die wahrgenommene induzierte Verhaltenskontrolle. Im Gegensatz zu Cluster 1 können in der Gruppe der *WantItAll* alle Hypothesen bei einer Irrtumswahrscheinlichkeit von 5% beibehalten werden. Die Ergebnisse der Schätzung für beide Cluster sind *Tabelle 26* zu entnehmen.

	Cluster 1 - Lohas			Cluster 2 - WantItAll		
Hypothese	**Pfadkoeffizient**	**t-Wert**	**Ergebnis**	**Pfadkoeffizient**	**t-Wert**	**Ergebnis**
H1	0,293	1,9257	beibehalten	0,272	2,7168	beibehalten
H2	0,377	2,2661	beibehalten	0,421	4,1605	beibehalten
H3	0,286	1,8397	beibehalten	0,232	2,3955	beibehalten
H4	0,691	7,5202	beibehalten	0,525	5,5762	beibehalten
H5	0,634	8,8934	beibehalten	0,814	26,5445	beibehalten
H6	0,153	1,4878	ablehnen	0,382	4,0207	beibehalten
H7	0,550	6,6439	beibehalten	0,367	3,1560	beibehalten
H8	0,193	1,8982	beibehalten	0,488	4,0803	beibehalten

Tabelle 26: Überprüfung der Hypothesen - Cluster 1 und 2

Abbildungen 13-14 geben eine graphische Übersicht der Modellzusammenhänge für Cluster 3 und 4 mit den zugehörigen Pfadkoeffizienten und t-Werten.

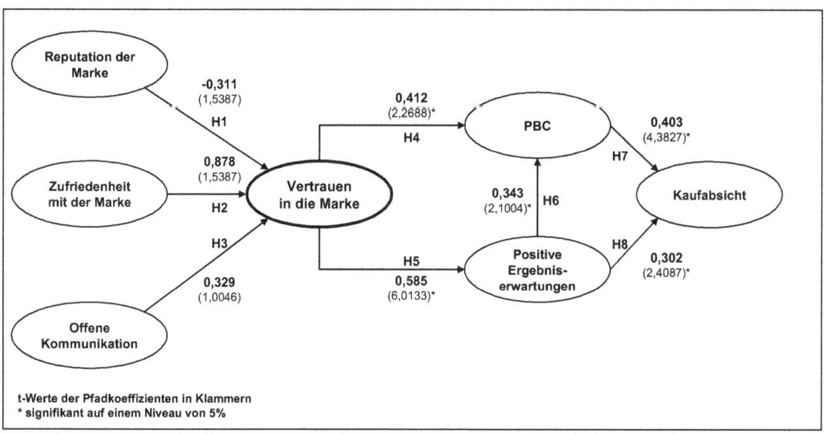

Abbildung 13: Modellzusammenhänge mit Pfadkoeffizienten und t-Werten - Cluster 3

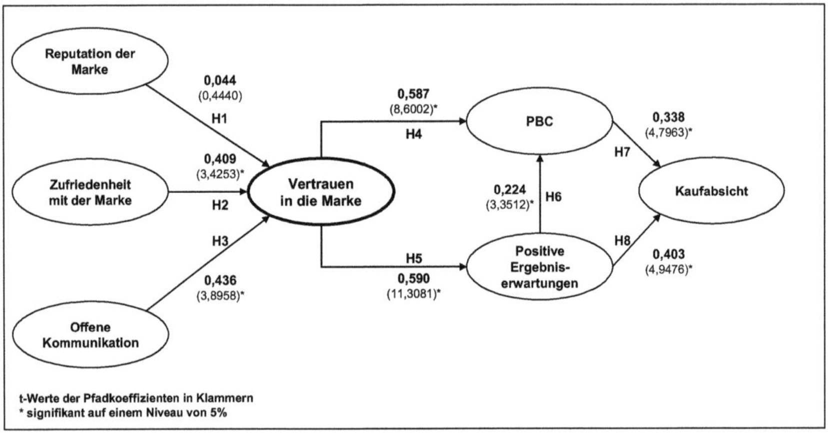

Abbildung 14: Modellzusammenhänge mit Pfadkoeffizienten und t-Werten - Cluster 4

Die Überprüfung der Hypothesen innerhalb des dritten Clusters, den *Indifferenten,* ergibt folgendes Bild. Die Hypothesen H1, H2 und H3 sind aufgrund zu geringer t-Werte abzulehnen. Die restlichen Hypothesen weisen demgegenüber ausreichende Signifikanz bei einer Irrtumswahrscheinlichkeit von 5% auf und werden demnach beibehalten. Cluster 4 weist bis auf Hypothese H1 durchweg ausreichende t-Werte auf einem Signifikanzniveau von 5% auf. H1 ist, bedingt durch einen zu geringen t-Wert und einen Pfadkoeffizienten unter 0,1, abzulehnen. Die Ergebnisse sind für die jeweiligen Cluster in *Tabelle 27* zusammengefasst.

	Cluster 3 - Indifferente			**Cluster 4 - Figurbewusste**		
Hypothese	**Pfadkoeffizient**	**t-Wert**	**Ergebnis**	**Pfadkoeffizient**	**t-Wert**	**Ergebnis**
H1	-0,311	0,5930	ablehnen	0,044	0,4440	ablehnen
H2	0,878	1,5387	ablehnen	0,409	3,4253	beibehalten
H3	0,329	1,0046	ablehnen	0,436	3,8958	beibehalten
H4	0,412	2,2688	beibehalten	0,587	8,6002	beibehalten
H5	0,585	6,0133	beibehalten	0,590	11,3081	beibehalten
H6	0,343	2,1004	beibehalten	0,224	3,3512	beibehalten
H7	0,403	4,3827	beibehalten	0,338	4,7936	beibehalten
H8	0,302	2,4087	beibehalten	0,403	4,9476	beibehalten

Tabelle 27: Überprüfung der Hypothesen - Cluster 3 und 4

Analog zu der Vorgehensweise für die Erhebungsgesamtheit lassen sich auch hier wiederum Totaleffekte berechnen. Für die *Lohas* zeigt sich, dass Markenvertrauen mit 0,502 auf das Zielkonstrukt wirkt. Durch die Ablehnung von H6 entspricht der Totaleffekt der Ergebniserwartungen dem Direkteffekt. Für die *WantItAll* besteht ein Totaleffekt von 0,704 durch das Markenvertrauen. Für dieses Cluster erhöht sich der Effekt der positiven Ergebniserwartungen auf den Wert von 0,628. Im Cluster der *Indifferenten* beeinflusst das Markenvertrauen die Kaufabsicht mit einem Totaleffekt in Höhe von 0,424. Die positiven Ergebniserwartungen weisen einen Wert in vergleichbarer Höhe auf. Dieser liegt bei 0,440. Abschließend kann für das Cluster der *Figurbewussten* ein Totaleffekt in Höhe von 0,481 bzw. 0,479 für Markenvertrauen bzw. für positive Ergebniserwartungen festgestellt werden. Die Überprüfung der Hypothesen für jedes Cluster ist somit abgeschlossen. Durch das Verwerfen einiger Hypothesen innerhalb der Gruppen zeigen sich bereits signifikante Unterschiede zwischen den Gruppen. Weiterhin erfolgt nun eine Überprüfung durch den Gruppenvergleich nach *Chin (2000)*. Die signifikanten Pfadkoeffizienten der Cluster werden einem t-Test unterzogen, um so Unterschiede zu identifizieren. Im Folgenden wird ein kritischer Wert von 1,66 für einen zweiseitigen Signifikanztest bei einer Irrtumswahrscheinlichkeit von 10% herangezogen. Die Cluster werden jeweils paarweise verglichen.

Der Vergleich der ersten beiden Cluster, *Lohas* gegenüber *WantItAll*, zeigt, dass zwei signifikante Unterschiede nach *Chin (2000)* bestehen. Hypothese H5 weist mit einem Wert in Höhe von 2,5448 den höchsten Unterschied auf. Das Vertrauen in die Marke wirkt sich demnach in der Gruppe *WantItAll* stärker auf die positiven Ergebniserwartungen aus. Der Pfadkoeffizient weist mit 0,8140 einen sehr hohen Wert auf, der ebenso deutlich über dem Pfadkoeffizienten der Gruppe *Lohas* liegt. Neben H5 kann ein signifikanter Unterschied für H8 festgestellt werden. Der Wirkungszusammenhang zwischen den positiven Ergebniserwartungen und der Kaufabsicht wird demnach von den jeweiligen Motiven moderiert. Auch hier ist der Pfadkoeffizient in Höhe von 0,4880 in dem Cluster der *WantItAll* deutlich stärker ausgeprägt als bei den *Lohas* mit einem Wert von 0,1930. An dieser Stelle soll weiterhin kurz auf H6 eingegangen werden. Durch die Ablehnung für die *Lohas* resultiert daraus ein signifikanter Unterschied zwischen den Gruppen. H6 beschreibt den Wirkungszusammenhang zwischen den positiven Ergebniserwartungen und der wahrgenommenen induzierten Verhaltenskontrolle.

	Cluster 1 - Lohas		Cluster 2 - WantItAll		Gruppen-vergleich
Hypothese	Pfadkoeffizient	Standardfehler	Pfadkoeffizient	Standardfehler	t-Wert
H1	0,293	0,1522	0,272	0,1001	0,1205
H2	0,377	0,1664	0,421	0,1012	0,2386
H3	0,286	0,1555	0,232	0,0968	0,3104
H4	0,691	0,0919	0,525	0,0941	1,2390
H5	0,634	0,0713	0,814	0,0307	2,5448
H6	0,153	0,1028	0,382	0,0950	1,6297
H7	0,550	0,0828	0,367	0,1163	1,2079
H8	0,193	0,1017	0,488	0,1196	1,8102

Tabelle 28: Gruppenvergleich nach Chin - Cluster 1 und 2

Der Gruppenvergleich für die Cluster 1 und 4, *Lohas* gegenüber *Figurbewussten*, ergibt einen signifikanten Unterschied nach *Chin (2000)*. Die Hypothese H7 wird demnach durch das Motiv moderiert. Allerdings sei bei H1 darauf verwiesen, dass bereits auf Basis der Hypothesenprüfung innerhalb dieser Gruppe ein signifikanter Unterschied besteht. H1 wurde bei der Prüfung innerhalb der Gruppe *Figurbewusste* abgelehnt. H7 beschreibt den Zusammenhang von induzierter wahrgenommener Verhaltenskontrolle durch die Marke und der Kaufabsicht. Durch einen höheren Pfadkoeffizienten innerhalb der Gruppe *Lohas* in Höhe von 0,5500 gegenüber einem Pfadkoeffizienten von 0,3380 für die Gruppe der *Figurbewussten* lassen sich diese Unterschiede begründen. Somit ist für Cluster 1 insbesondere die durch die Marke hervorgerufene Bekräftigung der eigenen Fähigkeiten wichtiger.

	Cluster 1 - Lohas		Cluster 4 - Figurbewusste		Gruppen-vergleich
Hypothese	Pfadkoeffizient	Standardfehler	Pfadkoeffizient	Standardfehler	t-Wert
H1	0,293	0,1522	0,044	0,0991	1,4401
H2	0,377	0,1664	0,409	0,1194	0,1604
H3	0,286	0,1555	0,436	0,1119	0,8032
H4	0,691	0,0919	0,587	0,0683	0,9245
H5	0,634	0,0713	0,590	0,0522	0,5087
H6	0,153	0,1028	0,224	0,0668	0,6086
H7	0,550	0,0828	0,338	0,0705	1,9203
H8	0,193	0,1017	0,403	0,0815	1,6105

Tabelle 29: Gruppenvergleich nach Chin - Cluster 1 und 4

Bei dem Gruppenvergleich der Cluster 2 und 3, *WantItAll* gegenüber *Indifferenten*, lässt sich lediglich ein signifikanter Unterschied feststellen. Hypothese H5 liegt mit einem t-Wert von 2,8909 über der kritischen Prüfgröße. Auch hier ist der signifikante Unterschied durch den deutlich höheren Pfadkoeffizienten der Gruppe *WantItAll* begründet. Wie bereits erläutert spielt in dieser Gruppe das Vertrauen als Determinante von positiven Ergebniserwartungen eine wichtige Rolle. Mit einem Wert von 0,585 in der Gruppe der *Indifferenten* stellt H5 ebenso den stärksten Zusammenhang dar. Der Wert liegt jedoch noch unter dem von Cluster 2. Die Hypothesen H1, H2 und H3 werden wie bereits beschrieben für die Gruppe *Indifferente* abgelehnt.

	Cluster 2 - WantItAll		**Cluster 3 - Indifferente**		**Gruppen-vergleich**
Hypothese	**Pfadkoeffizient**	**Standardfehler**	**Pfadkoeffizient**	**Standardfehler**	**t-Wert**
H1	0,272	0,1001	-0,311	0,5244	1,5316
H2	0,421	0,1012	0,878	0,5706	1,1148
H3	0,232	0,0968	0,329	0,3275	0,3712
H4	0,525	0,0941	0,412	0,1816	0,6141
H5	0,814	0,0307	0,585	0,0973	2,8909
H6	0,382	0,0950	0,343	0,1633	0,2201
H7	0,367	0,1163	0,403	0,0920	0,1984
H8	0,488	0,1196	0,302	0,1254	0,9560

Tabelle 30: Gruppenvergleich nach Chin - Cluster 2 und 3

Innerhalb des Vergleichs der Gruppen *WantItAll* und *Figurbewusste* zeichnet sich ein ähnliches Bild ab. Wieder bedingt durch den sehr hohen Pfadkoeffizienten der Hypothese H5 innerhalb des Clusters 2, ergibt sich ein signifikanter Unterschied zwischen den Gruppen. Der Vergleich der Cluster 1 und 3 sowie der Vergleich von 3 und 4 zeigt keine signifikanten Unterscheide nach *Chin (2000)*.[492] Es wird festgehalten, dass die Hypothese H9 zum Teil als bestätigt angesehen werden kann.

[492] Die Werte für die jeweiligen Gruppenvergleiche, sind in den Tabellen 43 und 44 im Anhang zu finden.

	Cluster 2 - WantItAll		Cluster 4 - Figurbewusste		Gruppen-vergleich
Hypothese	**Pfadkoeffizient**	**Standardfehler**	**Pfadkoeffizient**	**Standardfehler**	**t-Wert**
H1	0,272	0,1001	0,044	0,0991	1,6111
H2	0,421	0,1012	0,409	0,1194	0,0750
H3	0,232	0,0968	0,436	0,1119	1,3518
H4	0,525	0,0941	0,587	0,0683	0,5474
H5	0,814	0,0307	0,590	0,0522	3,5122
H6	0,382	0,0950	0,224	0,0668	1,4008
H7	0,367	0,1163	0,338	0,0705	0,2225
H8	0,488	0,1196	0,403	0,0815	0,6065

Tabelle 31: Gruppenvergleich nach Chin - Cluster 2 und 4

Abschließend werden alle Cluster auch einer Überprüfung der Gütekriterien unterzogen. Über alle Cluster hinweg überschreitet R^2 die kritische Größe von 0,3. Die Konstrukte innerhalb der Cluster werden ausreichend durch ihre vorgelagerten Konstrukte erklärt. Auch die Überprüfung auf Vorhersagevalidität attestiert allen Teilgruppen eine ausreichende Güte. Die Werte für R^2 und Q^2 sind für alle Cluster in *Tabelle* 32 dargestellt.

Endogenes Konstrukt	Cluster 1		Cluster 2		Cluster 3		Cluster 4	
	R2	**Q2**	**R2**	**Q2**	**R2**	**Q2**	**R2**	**Q2**
Markenvertrauen	0,6488	0,3143	0,6738	0,4333	0,7611	0,1188	0,5104	0,1342
wahrgenommene Verhaltenskontrolle	0,6338	0,4238	0,7481	0,5961	0,4522	0,1481	0,5503	0,3208
positive Ergebniserwartungen	0,4018	0,2630	0,6630	0,6294	0,3417	0,1575	0,3476	0,1758
Kaufabsicht	0,4654	0,3535	0,6638	0,5899	0,3963	0,2392	0,4319	0,3040

Tabelle 32: Werte für R2 und Q2 für die endogenen Konstrukte in den Clustern 1-4

4.4.3 Moderator Alter

Gegenstand dieses Kapitels ist die Überprüfung des Moderators Alter. Auf Basis dieser moderierenden Variablen wird die Erhebungsgesamtheit in zwei Sample aufgeteilt. Als Wert für die Teilung der Datenmenge wurde die Altersgrenze 40 Jahre definiert, wobei Probanden mit genau 40 Jahren in die Gruppe der über 40-jährigen gezählt werden, da sie bereits das 40. Lebensjahr vollendet haben. Innerhalb der Altersgruppe < *40 Jahre* befinden sich 238

Probanden, die im Schnitt 28 Jahre alt sind. Die Altersgruppe > *40 Jahre* besteht aus 117 Probanden mit einem Altersdurchschnitt von 57 Jahren. Die Teilsample werden jeweils hinsichtlich ihrer Güte auf Strukturmodellebene überprüft, mit besonderem Augenmerk auf die postulierten Hypothesen. Zunächst erfolgt in den *Abbildungen 15 und 16* eine graphische Übersicht der Modellzusammenhänge mit den zugehörigen Pfadkoeffizienten und t-Werten für die Teilgruppen < 40 Jahre und > 40 Jahre, um im Anschluss den Gruppenvergleich nach Chin durchzuführen. Ebenso erfolgt eine Prüfung der Güte für das Strukturmodell im Hinblick auf die erkläre Varianz sowie Vorhersagevalidität des Modells.

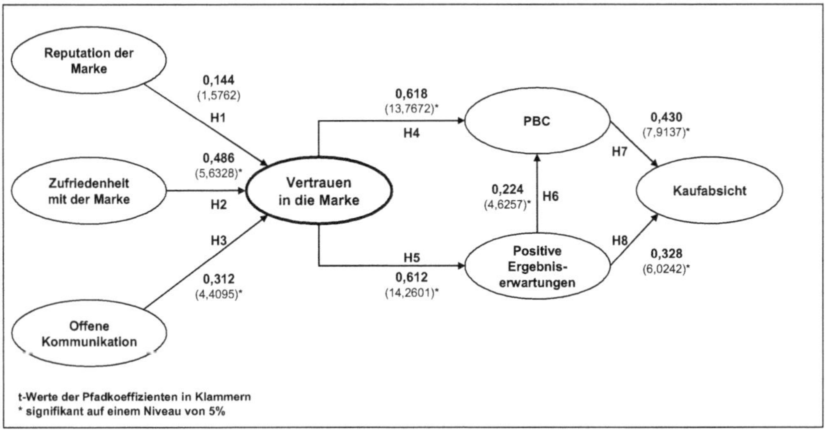

Abbildung 15: Modellzusammenhänge mit Pfadkoeffizienten und t-Werten - < 40 Jahre

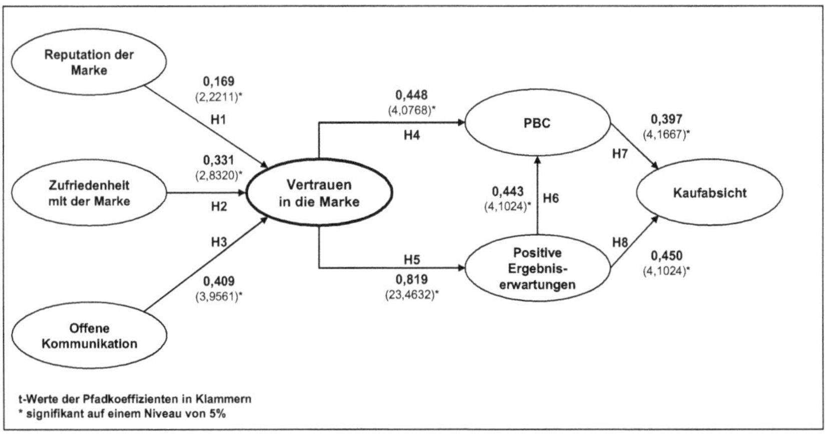

Abbildung 16: Modellzusammenhänge mit Pfadkoeffizienten und t-Werten - > 40 Jahre

In beiden Altersgruppen können die postulierten Hypothesen beibehalten werden. Lediglich Hypothese H1 muss in der Altersgruppe < *40 Jahre* abgelehnt werden. Innerhalb der Teilgruppe der unter 40-jährigen besteht demnach kein Einfluss der Reputation der Marke auf das Vertrauen in die Marke. Im Hinblick auf diese formulierte Hypothese ergibt sich somit ein signifikanter Unterscheid zwischen den beiden Altersgruppen. Abschließend zeigen die Totaleffekte für > *40 Jahre*, dass positive Ergebniserwartungen mit einem Wert von 0,626 auf die Kaufabsicht wirken. Auch das Kernkonstrukt der vorliegenden Studie beeinflusst das Zielkonstrukt mit einem Totaleffekt in Höhe von 0,690. Im jüngeren Sample liegen die Totaleffekte etwas unter diesen Werten. Mit einem Gesamtwert in Höhe von 0,424 für Ergebniserwartungen und 0,525 für Vertrauen beeinflussen diese Konstrukte die Kaufabsicht des Konsumenten in diesem Teilsample. Die Schätzergebnisse der beiden Untersuchungsgruppen sind in *Tabelle 33* zusammengefasst.

	> 40 Jahre			**< 40 Jahre**		
Hypothese	**Pfadkoeffizient**	**t-Wert**	**Ergebnis**	**Pfadkoeffizient**	**t-Wert**	**Ergebnis**
H1	0,169	2,2211	beibehalten	0,144	1,5762	ablehnen
H2	0,331	2,8320	beibehalten	0,486	5,6328	beibehalten
H3	0,409	3,9561	beibehalten	0,312	4,4095	beibehalten
H4	0,448	4,0768	beibehalten	0,618	13,7672	beibehalten
H5	0,819	23,4632	beibehalten	0,612	14,2601	beibehalten
H6	0,443	4,1024	beibehalten	0,224	4,6257	beibehalten
H7	0,397	4,1667	beibehalten	0,430	7,9137	beibehalten
H8	0,450	4,0857	beibehalten	0,328	6,0242	beibehalten

Tabelle 33: Überprüfung der Hypothesen – Teilgruppen nach Alter

Da, bis auf H1, alle Hypothesen als signifikant beibehalten werden können, erfolgt auch hier die Beurteilung der Unterschiede anhand des Gruppenvergleichs nach *Chin (2000)*. Der kritische Wert liegt wiederum für die Berechnung der t-Statistik für ein Signifikanzniveau von 10% bei 1,66. Die nachstehende *Tabelle* 34 gibt eine Übersicht bezüglich der relevanten Werte zur Berechnung sowie den entsprechenden t-Wert.

Die Berechnung der Unterschiede nach *Chin (2000)* ergibt drei signifikante Unterschiede zwischen den Untersuchungsgruppen. Somit kann der Einfluss des moderierenden Effekts durch das Alter teilweise bestätigt werden. In Bezug auf die Hypothesen H4, H5 und H6 ergeben sich t-Werte, die über dem kritischen Wert von 1,66 liegen. Hypothese H5 weist hierbei den höchsten t-Wert auf, wobei der Pfadkoeffizient in der Gruppe *unter 40 Jahre* bei 0,612 liegt und in der Gruppe *über 40 Jahre* bei 0,819. Der Einfluss von Markenvertrauen auf die positiven Ergebniserwartungen ist folglich für ältere Probanden in Relation wichtiger als für jüngere Probanden.

Auch in Bezug auf den Einfluss von positiven Ergebniserwartungen auf die induzierte wahrgenommene Verhaltenskontrolle weist die Gruppe der älteren Probanden für die ermittelten Pfadkoeffizienten höhere Werte auf. Diese liegen bei 0,443 bzw. 0,224 für das ältere Teilsample. Daraus resultiert ein signifikanter Unterschied in Höhe von 2,1454. Weiterhin erweist sich ein moderierender Effekt des Alters auf den Wirkungszusammenhang von Markenvertrauen auf die induzierte wahrgenommene Verhaltenskontrolle. Im Gegensatz zu den vorherigen Hypothesen ist der Pfadkoeffizient im jüngeren Teilsample mit 0,618 höher als im älteren Sample mit einem Pfadkoeffizient von 0,448. Für jüngere Probanden spielt das Vertrauen für die Induktion von Kontrollüberzeugungen eine größere Rolle als für älteren Probanden. Aufgrund einer Höhe des t-Wertes von 1,7035 kann ein signifikanter Unterschied konstatiert werden.

	> 40 Jahre		< 40 Jahre		Gruppenvergleich
Hypothese	**Pfadkoeffizient**	**Standardfehler**	**Pfadkoeffizient**	**Standardfehler**	**t-Wert**
H1	0,169	0,0761	0,144	0,0914	0,1778
H2	0,331	0,1169	0,486	0,0863	1,0510
H3	0,409	0,1034	0,312	0,0708	0,7826
H4	0,448	0,1099	0,618	0,0449	1,7035
H5	0,819	0,0349	0,612	0,0429	3,1475
H6	0,443	0,1080	0,224	0,0484	2,1454
H7	0,397	0,0953	0,430	0,0543	0,3237
H8	0,450	0,1101	0,328	0,0544	1,1186

Tabelle 34: Gruppenvergleich nach Chin – Teilgruppen nach Alter

Neben der Überprüfung der Schätzparameter und dem Gruppenvergleich nach *Chin (2000)*, erfolgt ebenso eine Prüfung des Bestimmtheitsmaßes R^2 sowie der Vorhersagevalidität nach

Stone-Geisser. Für alle endogenen Konstrukte wird das Mindestmaß für eine erklärte Varianz von 30% erfüllt. Auch in Bezug auf die Vorhersagevalidität kann den Teilsampeln eine ausreichende Güte attestiert werden. Die Werte sind nachstehender *Tabelle* 35 zu entnehmen.

Endogenes Konstrukt	> 40 Jahre		< 40 Jahre	
	R2	**Q2**	**R2**	**Q2**
Markenvertrauen	0,6606	0,4299	0,6006	0,2640
wahrgenommene Verhaltenskontrolle	0,7215	0,5555	0,6004	0,3947
positive Ergebniserwartungen	0,6712	0,6371	0,3740	0,2107
Kaufabsicht	0,6469	0,5139	0,4627	0,3507

Tabelle 35: Werte für R2 und Q2 für die endogenen Konstrukte – Teilgruppen nach Alter

4.4.4 Moderator Involvement

Zur Überprüfung des moderierenden Effekts auf die Hypothesen H4 und H5 muss zunächst eine adäquate Unterteilung der Erhebungsgesamtheit in High- und Low-Involvierte Probanden erfolgen. Zur Unterteilung in Gruppen wird für das Konstrukt Involvement anhand der verwendeten fünf Indikatoren zunächst ein Mittelwert über jeden Probanden gebildet. Dieser aggregierte Wert wird als Grundlage für die Teilung verwendet. Das Softwareprogramm SPSS stellt für die deskriptive Auswertung von Häufigkeiten die Ermittlung von weiteren Statistiken zur Verfügung. Mit Hilfe der Funktion Trennwerte kann das Sample in drei gleich große Gruppen unterteilt werden. Für die Low-Involvierten ergibt sich ein Trennwert von 4,8. Alle Probanden, die einen aggregierten Gesamtwert von maximal 4,8 aufweisen, werden dieser Gruppe zugeteilt, womit sich ein Teilsample mit 124 Probanden ergibt. Der zweite Trennwert liegt bei 5,8. Ebenso werden Probanden, die über diesem Wert liegen, als Hoch-Involvierte eingestuft. Daraus resultiert eine Samplegröße von 146 Probanden. Die verbleibenden Probanden, die zwischen 4,8 und 5,8 liegen, werden nicht in die Betrachtung mit einbezogen, um so eine höhere Trennschärfe zu erzielen.[493] Die Überprüfung der Hypothesen ergibt in beiden Teilsampeln, dass diese bei einer Irrtumswahrscheinlichkeit von 5% beibehalten werden können. Alle t-Werte übersteigen den kritischen Wert von 1,98 deutlich. Allein auf Basis der t-Werte können somit keine signifikanten Unterschiede festgestellt werden, sodass auch an dieser Stelle der Gruppenvergleich nach *Chin (2000)* angewendet wird.

[493] Dieses Vorgehen ist beschrieben in Huber et al. (2007), S. 119.

	High-Involvement			Low-Involvement		
Hypothese	**Pfadkoeffizient**	**t-Wert**	**Ergebnis**	**Pfadkoeffizient**	**t-Wert**	**Ergebnis**
H4	0,551	6,7280	beibehalten	0,561	7,3029	beibehalten
H5	0,795	25,1940	beibehalten	0,617	12,1050	beibehalten

Tabelle 36: Überprüfung der Hypothesen H4 und H5 – Teilgruppen nach Involvement

Wie aus *Tabelle 37* ersichtlich, ergibt sich für Hypothese H5 ein signifikanter Unterschied. Der Pfadkoeffizient liegt mit 0,7950 innerhalb der Gruppe der Hochinvolvierten höher als in der Vergleichsgruppe mit einem Pfadkoeffizienten von 0,6170. So wirkt sich für hochinvolvierte Probanden das Vertrauen in die Marke stärker auf die positiven Ergebniserwartungen gegenüber der Marke aus.

	High-Involvement		Low-Involvement		Gruppen-vergleich
Hypothese	**Pfadkoeffizient**	**Standardfehler**	**Pfadkoeffizient**	**Standardfehler**	**t-Wert**
H4	0,551	0,0819	0,561	0,0768	-0,0883
H5	0,795	0,0316	0,617	0,0510	3,0716

Tabelle 37: Gruppenvergleich nach Chin – Teilgruppen nach Involvement

Das Bestimmtheitsmaß R2 erfüllt für alle endogenen reflektiven Konstrukte den Mindestwert von 0,3. Ebenso kann die Vorhersagevalidität nach *Stone-Geisser* bestätigt werden. Die Werte sind in *Tabelle 38* zusammengefasst.

	High-Involvement		Low-Involvement	
Endogenes Konstrukt	**R2**	**Q2**	**R2**	**Q2**
Markenvertrauen	0,6913	0,4192	0,5848	0,2012
wahrgenommene Verhaltenskontrolle	0,7295	0,5655	0,5980	0,3715
positive Ergebniserwartungen	0,6321	0,5893	0,3809	0,2386
Kaufabsicht	0,5744	0,4909	0,4933	0,3877

Tabelle 38: Werte für R2 und Q2 für die endogenen Konstrukte – Teilgruppen nach Involvement

4.4.5 Antizipierte Emotionen

Die Überprüfung des moderierendes Effektes der antizipierten Emotionen auf die Wirkungszusammenhänge zwischen Vertrauen und den nachgelagerten Konstrukten erfolgt nicht mittels einer Unterteilung der Erhebungsgesamtheit wie bei den bereits erläuterten moderierenden Effekten. Die postulierte Moderation fokussiert sich analog zu dem Moderator Involvement auf lediglich zwei postulierte Hypothesen im vorgestellten Modell. Es wird unterstellt, dass die Beziehung von Vertrauen und den nachgelagerten Konstrukten durch die antizipierten Emotionen signifikant beeinflusst wird. Es ist jedoch anzumerken, dass in Bezug auf das Involvement eine Unterteilung in zwei Klassen, nämlich High- und Low- Involvierte, möglich war. Für das Konstrukt der antizipierten Emotionen liegt solch eine Kategorisierung nicht vor. Somit wird in diesem Fall eine andere Vorgehensweise gewählt. Die Überprüfung des moderierenden Effekts wird anhand der Erhebungsgesamtheit durchgeführt. Die Berücksichtigung des moderierenden Effekts wird durch eine multiplikative Verknüpfung der Indikatoren für die antizipierten Emotionen sowie das vorgelagerte Konstrukt Vertrauen modelliert. Danach wird der Zusammenhang der antizipierten Emotionen auf Basis der gewichteten Indikatoren und den zielorientierten Verhaltenskomponenten überprüft. Falls sich dieser Zusammenhang als signifikant erweist, kann von einer Moderation gesprochen werden.

Hypothese	Pfadkoeffizient	t-Wert	Ergebnis
H4	-0,053	0,7553	ablehnen
H5	0,126	1,2989	ablehnen

Tabelle 39: Überprüfung der Hypothesen H4 und H5 - Moderator antizipierte Emotionen

Wie *Tabelle* 39 zu entnehmen, erweisen sich beide Hypothesen als nicht signifikant. Hypothese H12 wird somit abgelehnt.

4.5 Deskriptive Auswertung

Neben der Überprüfung der PLS-Schätzergebnisse bietet sich weiterhin eine deskriptive Auswertung der Daten für die jeweiligen Konstrukte an. Für jedes Konstrukt können Mittelwerte bestimmt werden. Diese geben Auskunft darüber, wie die Probanden im Durchschnitt eine latente Größe beurteilen. Wie bereits im Rahmen der Operationalisierung erläutert, wurde eine siebenstufige *Likert*-Skala zur Messung der Daten verwendet. Hierbei stellt 1 den geringsten und 7 den höchsten Wert dar. Innerhalb der deskriptiven Auswertung interessieren vor allem die durchschnittlichen Werte die jeweiligen Untersuchungsgruppen. Diese tragen somit zu einer verbesserten Charakterisierung der Teilgruppen bei. *Abbildung 17* stellt die Auswertung der Mittelwerte graphisch dar.

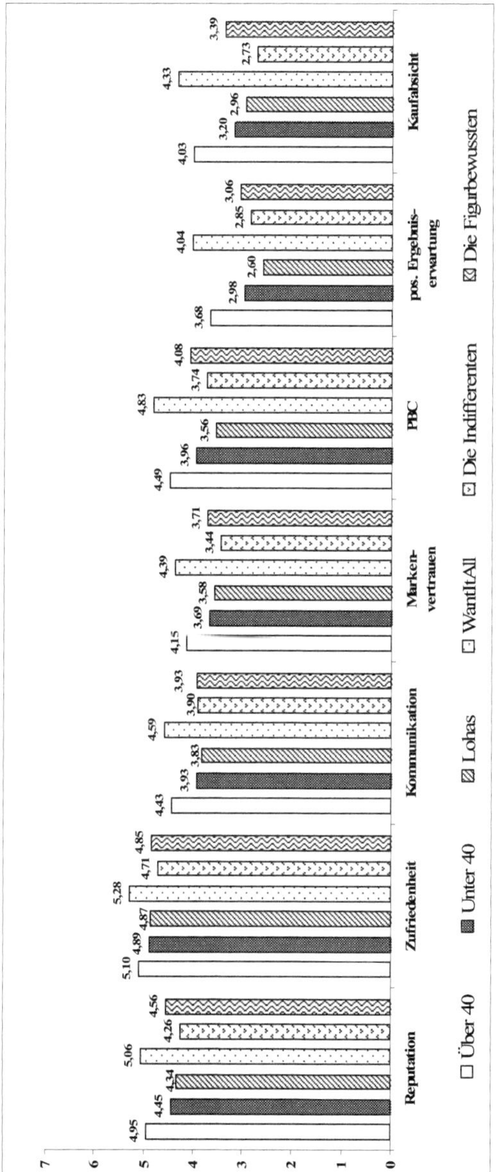

Abbildung 17: Konstruktmittelwerte für die Moderatoren Motiv und Alter

Wie *Abbildung 17* zu entnehmen ist, sind die Mittelwerte für die Probanden > *40 Jahre* sowie die Teilgruppe *WantItAll* durchgängig am höchsten ausgeprägt. Besonders deutlich wird dies bei den Konstrukten PBC, positive Ergebniserwartungen und Kaufabsicht. Ebenso bewegen sich die Werte auf einem annähernden gleichen Niveau. Folglich beurteilen diese Probanden den Untersuchungsgegenstand sehr ähnlich. Auffällig ist ferner, dass die Gruppe der *Lohas,* insbesondere im Hinblick auf die zielorientierten Komponenten der Studie, eine sehr verhaltene Bewertung abgegeben haben. So liegen sie für die positiven Ergebniserwartungen sogar unter dem Wert der *Indifferenten*. Die Altersgruppen zeigen ebenso die deutlichsten Unterschiede im Hinblick auf die Zielorientierung und die Kaufabsicht gegenüber der Marke auf. Der höchste Mittelwert liegt bei 5,28 für das Zufriedenheitskonstrukt bei *WantItAll* und 2,60 für die Gruppe der *Lohas*. Insgesamt kann festgehalten werden, dass die Probanden eine vorsichtige und kritische Bewertung der Konstrukte vorgenommen haben. Das Kernkonstrukt dieses Buches, das Vertrauen in die Marke, weist lediglich einen maximalen Wert in Höhe von 4,39 auf und liegt somit nur knapp über dem neutralen Punkt der Skala. Neben der Mittelwertbestimmung interessiert innerhalb dieser Studie weiterhin die Korrelation zwischen den Indikatoren der globalen und konkreten Ergebniserwartungen. Wie bei der Operationalisierung des Konstruktes erläutert, dienen die konkreten Ergebniserwartungen zur Präzisierung der globalen Aussage über den effektiven Beitrag des Produktes zu einer gesunden Ernährung. Die Probanden sollten eine Einschätzung im Hinblick auf konkrete, durch das Produkt suggerierte Effekte auf die Gesundheit abgeben. So konnte ein detaillierter Einblick in das Verständnis der Probanden in Bezug auf den Beitrag des Produktes zur Gesundheit gewonnen werden. In *Tabelle 40* sind die Korrelationskoeffizienten für die Erhebungsgesamtheit, die jeweiligen Cluster und die Altersgruppen zusammengefasst dargestellt. Für einen schnelleren Überblick werden die entsprechenden Items für konkrete Ergebniserwartungen an dieser Stelle erneut aufgeführt.

	Gesamt	> 40 Jahre	< 40 Jahre	Cluster 1	Cluster 2	Cluster 3	Cluster 4
$\rho_{X62,Y1}$	0,6258	0,7596	0,5213	0,5217	0,7336	0,3419	0,6030
$\rho_{X62,Y2}$	0,6561	0,7819	0,5478	0,5435	0,7457	0,4783	0,5828
$\rho_{X62,Y3}$	0,6613	0,7978	0,5614	0,6020	0,7648	0,4359	0,6050
$\rho_{X62,Y4}$	0,7051	0,8092	0,6184	0,6122	0,7912	0,5917	0,6102
$\rho_{X62,Y5}$	0,5747	0,6522	0,5021	0,5149	0,7308	0,1537	0,4888
$\rho_{i,j}$ =	Korrelation der Variablen i und j						

Tabelle 40: Korrelationen für globale und konkrete Ergebniserwartungen nach Untersuchungsgruppen

Die Analyse der Korrelationskoeffizienten lässt deutliche Unterschiede in den Gruppen erkennen. Auffallend ist, dass die Gruppe der über 40-jähren sowie das Cluster 2, durchweg sehr hohe Korrelationen aufweisen. Diese Gruppen sehen demnach einen starken Zusammenhang zwischen dem Beitrag des Produktes zu einer gesunden Ernährung und den aufgeführten konkreten Ergebniserwartungen. So steigt beispielsweise der Indikator Y_3 in der Gruppe der über 40-jähren in etwa 80% aller Fälle, wenn die globalen Ergebniserwartungen steigen. Demgegenüber suggerieren niedrigere Korrelationen, dass diese Probanden einen geringeren Zusammenhang zwischen den aufgeführten konkreten Ergebniserwartungen und dem Beitrag des Produktes zu einer gesunden Ernährung sehen.[494]

4.6 Interpretation der Ergebnisse

Zunächst steht die Interpretation der PLS-Schätzergebnisse für die Erhebungsgesamtheit im Fokus des Interesses. Analog zur Vorgehensweise zur Hypothesenüberprüfung wird zunächst die Erhebungsgesamtheit näher beleuchtet, um die Relevanz des Konstruktes Markenvertrauen über alle Probanden hinweg ohne Präzisierung der Ziele zu erörtern. Die Prüfung der Signifikanz der Hypothesen sowie der Höhe der Pfadkoeffizienten ergab, dass alle postulierten Hypothesen beibehalten werden können. Die stärksten Effekte gehen hierbei von dem Kernkonstrukt des Modells, dem Vertrauen in die Marke, aus. Mit einem Pfadkoeffizienten in Höhe von 0,715 determiniert das Vertrauen die positiven Ergebniserwartungen[495] gegenüber der Marke. Steigt das Vertrauen in die Marke um eine Einheit, resultiert daraus eine Erhöhung der Ergebniserwartungen um 0,715 Einheiten. Das Bestimmtheitsmaß R^2 liegt für die Ergebniserwartungen bei 0,5107. Die Konsumenten verlassen sich demnach bei der Beurteilung der erwarteten Konsequenzen durch den Konsum zu etwa 50% auf das Versprechen der Marke. Neben diesem Effekt des Markenvertrauens auf die erwarteten Konsequenzen, beeinflusst das Konstrukt ebenso die induzierte wahrgenommene Verhaltenskontrolle des Konsumenten. Mit einem Pfadkoeffizienten in Höhe von 0,582 beschreibt es den zweitstärksten Effekt in dem vorgestellten Modell. Das Bestimmtheitsmaß liegt für die wahrgenommene Verhaltenskontrolle bei 0,6555.[496] Dennoch kann dem Vertrauen bei der Förderung von Kontrollüberzeugungen der Verbraucher eine wichtige Rolle attestiert werden.

494 Die Mittelwerte der globalen und konkreten Ergebniserwartungen finden sich in Tabelle 45 im Anhang.

495 Aus Gründen der Sparsamkeit wird im Folgenden auf den Zusatz positiv verzichtet.

496 Für die erklärte Varianz von PBC tragen auch immer die positiven Ergebniserwartungen bei. Im Folgenden wird von der Varianzerklärung von Markenvertrauen gesprochen. Dies schließt die positiven Ergebniserwartungen mit ein.

Eine nähere Betrachtung der Dimensionen von Vertrauen erscheint an dieser Stelle hilfreich. In der vorliegenden Studie setzt sich Vertrauen aus den Komponenten Glaubwürdigkeit und Kompetenz sowie Wohlwollen und Integrität zusammen. Die ersten beiden Dimensionen zielen insbesondere auf die Fähigkeiten einer Marke ab. Vor dem Hintergrund des Untersuchungsgegenstandes für diese Studie bedeutet dies, dass die Marke fähig ist, Produkte mit einem Zusatznutzen für die eigene Gesundheit und für das Wohlbefinden herzustellen. Das Konstrukt Ergebniserwartungen gegenüber der Marke fokussiert ebendiesen Aspekt. Der Verbraucher fällt ein Urteil über die Tauglichkeit der Marke, d. h. ob diese den versprochenen Effekt durch den Konsum generieren kann. So erscheint es plausibel, dass sich Markenvertrauen als starke Determinante auf die Ergebniserwartungen erweist. Die Komponenten Wohlwollen und Integrität reflektieren das Maß an guten Absichten, das der Marke durch den Verbraucher zugeschrieben wird. Offenheit und Ehrlichkeit werden somit ebenso geschätzt wie die Ausrichtung der Produkte auf die Kundenbedürfnisse. Auch die Wirkung auf die induzierte wahrgenommene Verhaltenskontrolle erscheint als logisches Resultat eines ausreichenden Vertrauens in die Marke. Die Überzeugung, dass eine Marke integer in Bezug auf ihre Botschaften ist und dem Konsumenten wohlwollend gegenübersteht, kann als Grundvoraussetzung für die Annahme einer Förderung der eigenen Fähigkeiten durch die Marke gewertet werden. Eine kompetente Leistungserfüllung der Marke erscheint auch bei der Förderung von Kontrollüberzeugungen als notwendige Bedingung.

Das Vertrauenskonstrukt besitzt demnach eine zentrale Relevanz bei der Bildung von zielorientierten Verhaltenskomponenten. Ein Mangel an Vertrauen in die Marke auf Seiten der Verbraucher wird zu Überzeugungsschwierigkeiten führen und die Bildung positiver Erwartungen in Bezug auf die Konsequenzen sowie die eigenen Fähigkeiten erschweren. Da sich Vertrauen als wirksames Element in diesem Modell erweist, ist es von Interesse, wie es durch Marketing-Instrumente zu fördern ist.

Das Vertrauenskonstrukt wird innerhalb der vorliegenden Studie zu fast 65% durch die Antezedenzien Reputation, Zufriedenheit und Kommunikation erklärt. Als stärkster Einflussfaktor erweist sich hierbei die Zufriedenheit mit der Marke in der Vergangenheit. Der Wirkungszusammenhang wird durch einen Pfadkoeffizienten in Höhe von 0,407 beschrieben. Dies erstaunt insofern nicht, da der Verbraucher das Versprechen der Marke bereits testen konnte und sich auf sein eigenes Urteil stützen kann. Selbst wenn eine vollständige Überprüfung nicht direkt möglich erscheint, so wie es im Kontext der vorliegenden Studie der Fall ist, wird Vertrauen durch vergangene Erfahrungen gefördert. Mit einem Pfadkoeffizienten von 0,346 birgt das Konstrukt Kommunikation Potential zur Förderung von Vertrauen. Je offener und ehrlicher die Verbraucher die kommunikationspolitischen Aktivitäten der Marke wahrnehmen, desto eher werden sie Vertrauen in die Marke bilden. Das Kommunizieren potentieller Schwierigkeiten wird bei den Verbrauchern dem Anschein nach als Offenheit und in gewisser Weise als Vertrauensbeweis geschätzt. Die Reputation der Marke erweist sich mit einem Pfadkoeffizienten in Höhe von 0,172 als schwächster Einflussfaktor auf das Vertrauen in die Marke. Ein möglicher Grund dafür könnte sein, dass sich Konsumenten, zumindest bei der Lebensmittelauswahl, weniger auf die Meinung anderer verlassen. Auch die Eliminierung zweier Indikatoren aus dem Messmodell für Reputation, die direkt auf das Urteil anderer abzielten, könnte darauf hindeuten. Die Indikatoren X_{11} und X_{12} (Andere haben mir erzählt, dass die Marke Becel gut sei. / Ich habe negative Kommentare zur der Marke Becel gehört.) wurden aufgrund zu geringer Faktorladungen aus dem Messmodell eliminiert. Diese zielten direkt auf das Urteil anderer ab. Auch innerhalb der Studie von *Steptoe* und Kollegen *(1995)* erwiesen sich Faktoren, die die Einschätzung von Freunden und Bekannten über die zu konsumierenden Lebensmittel betrafen, als weniger stabile Kriterien für die Auswahl von Lebensmitteln.[497]

Das Zielkonstrukt Kaufabsicht kann in der vorliegenden Studie zu etwa 55% durch die Komponenten Ergebniserwartungen und induzierte wahrgenommene Verhaltenskontrolle erklärt werden. Die höchste Einflussstärke mit einem Pfadkoeffizienten von 0,434 auf die Kaufabsicht resultiert aus den Kontrollüberzeugungen des Konsumenten. Die Studie zielte hierbei auf die durch die Marke hervorgerufenen Bekräftigungen der eigenen Fähigkeiten und Kontrollmöglichkeiten ab. Auch an dieser Stelle lohnt sich wiederum eine nähere Betrachtung der Dimensionen des Konstruktes. Eine Analyse der Faktorladungen offenbart, dass die Indikatoren für Selbstwirksamkeitserwartungen durchweg stärker (>0,9) auf PBC laden als PCB (zwischen 0,76 und 0,88). Dies legt die Überlegung nahe, dass Selbstwirksamkeitser-wartungen besser zur Vorhersage einer Handlungsintention geeignet sind als PCB. Je eher eine Marke es schafft, den Verbraucher zu motivieren bzw. ihm das Gefühl zu geben, seine Ziele erreichen zu können, desto eher kommt es auch zur Bildung einer Kaufabsicht. Als

[497] Vgl. Steptoe/Pollard/Wardle (1995), S. 279.

zweite Erklärungsvariable auf die Kaufabsicht fungieren die Ergebniserwartungen. Trägt die Marke in den Augen des Verbrauchers mit einer hohen Wahrscheinlichkeit zu einer Zielerreichung bei, so wird auch in diesem Fall eine Kaufabsicht gebildet. Mit einem Pfadkoeffizienten in Höhe von 0,366 übt das Konstrukt einen positiven Einfluss auf die Zielgröße des Modells aus.

Neben einer globalen Einschätzung der Probanden wurden konkrete Ergebniserwartungen in Bezug auf den Konsum der Marke abgefragt. Die globale Aussage, dass die Marke einen effektiven Beitrag zu ihrer gesunden Ernährung leisten könne, sollte durch dieses Vorgehen präzisiert werden und zu einem besseren Verständnis des Konstruktes führen. Die berechneten Korrelationskoeffizienten zwischen den konkreten Ergebniserwartungen und der globalen Größe machen deutlich, dass insbesondere mit einer Korrelation von 0,705 der Erhalt der Gesundheit in einem engen Zusammenhang mit dem Beitrag des Produktes zu einer gesunden Ernährung gesehen wird. Auch die Reduktion von Herzerkrankungen im Alter (0,661) und die Steigerung des Wohlbefindens (0,656) sind mit den Erwartungen über die Konsequenzen verbunden. Mit einer Korrelation von 0,626 wird die Senkung des Cholesterinspiegels durch das Produkt mit dem Beitrag zu einer gesunden Ernährung für den Konsumenten in Verbindung gebracht. Die Korrelation in Höhe von 0,5747 macht deutlich, dass der Aspekt der Gewichtsreduktion weniger stark im Zusammenhang mit dem effektiven Beitrag des Produktes zur gesunden Ernährung gesehen wird. An dieser Stelle sei jedoch angemerkt, dass diese Aussagen lediglich einen Auszug möglicher Ergebniserwartungen darstellen und nicht alle Vorstellungen der Probanden wiedergeben können.

Weiterhin wurde ein positiver Einfluss zwischen den Ergebniserwartungen auf die wahrgenommene Verhaltenskontrolle unterstellt. Auch diese Beziehung wurde bestätigt und wird durch einen Pfadkoeffizienten in Höhe von 0,284 beschrieben. Somit wirken Erwartungen gegenüber der Marke zusätzlich auf die Kontrollüberzeugungen der Konsumenten. Die Sicherheit über positive Konsequenzen vermag auch die Kontrollüberzeugungen zu steigern, indem sie den Konsumenten die Aussichten auf Erfolg näher bringt. Durch diesen Wirkungszusammenhang entsteht ein indirekter Effekt des Konstruktes positive Ergebniserwartungen auf die Kaufabsicht. Die Wirkung der Ergebniserwartungen erhöht sich somit auf einen Totaleffekt von 0,489 und stellt nun den stärksten Effekt auf die Kaufabsicht dar. Dies kann als eine Bestätigung der motivationalen Phase des HAPA Modells angesehen werden, da

Schwarzer (2008) in erster Hinsicht positive Ergebniserwartungen als wichtig für die Bildung einer Intention beschreibt.[498] Der berechnete Totaleffekt (0,602) für Markenvertrauen auf die Kaufabsicht bestätigt ebenso die zentrale Relevanz des Konstruktes für die Zielgröße im Modell. Innerhalb der vorliegenden Studie nimmt das Konstrukt Vertrauen in die Marke eine zentrale Rolle ein. Jedoch gilt es, das Konstrukt vor dem Hintergrund einer zielorientierten Produktauswahl zu evaluieren. Hierbei ist es von besonderem Interesse, ob sich eine Variation im Hinblick auf die Stärke der formulierten Modellzusammenhänge feststellen lässt, wenn Zielinhalte oder die Zielstärke variieren. Zu diesem Zweck wurden Moderatoren formuliert, die ebendiesem Aspekt gerecht werden sollen. Im Folgenden widmet sich die Interpretation den vorgestellten Moderatoren für die vorliegende Studie.

Motiv

Für die Interpretation der unterschiedlichen Cluster wird zunächst eine Charakterisierung der Gruppen im Hinblick auf die Zielorientierung vorgenommen. Für die Clusterlösungen ist es von Interesse, ob sich die Teilgruppen neben dem Kaufmotiv auch im Hinblick auf das in der Studie abgefragte Involvement, die antizipierten Emotionen sowie die wahrgenommene Betroffenheit unterscheiden. Das Involvement und die antizipierten Emotionen dienen zwar ebenso als Moderatoren, jedoch können sie zusätzlich für die Clusterlösungen Aufschluss über die Wichtigkeit und die Begehrtheit einer gesunden Ernährung für den Probanden geben.[499] Auch die wahrgenommene Betroffenheit dient als Indikator für eine zugrunde liegende Zielsetzung, hier im Speziellen eine cholesterinbewusste Ernährung, da sie eine Bereitschaft der Person beschreibt, sich für ein Ziel einzusetzen. Anhand dieser Kriterien erfolgt eine Bewertung der Cluster hinsichtlich ihrer Zielorientierung.

Zur Analyse der Gruppen wurde das arithmetische Mittel über die genannten Konstrukte ermittelt, um so einen Indikator für den Grad der Zielorientierung zu erhalten.[500] Der Gruppe der *WantItAll* kann hierbei mit einem Mittelwert von 5,72 die höchste Zielorientierung attestiert werden. Das Cluster der *Lohas* weist mit einem Wert von 4,85 die zweithöchste Zielorientierung auf. Auch das Cluster der *Figurbewussten* liegt mit einem Wert von 4,51 über dem neutralen Punkt. Das Cluster der *Indifferenten* erreicht im Mittel einen Wert von

[498] Vgl. Schwarzer (2008), S. 6.
[499] Vgl. Kapitel 2.1.2.
[500] Die einzelnen Mittelwerte für die Konstrukte sind in Tabelle 46 im Anhang zusammengefasst.

3,69. An dieser Stelle kann festgehalten werden, dass insbesondere für die Gruppe *WantItAll* eine ausgeprägte Zielorientierung vorliegt. Demgegenüber ist das Cluster der *Indifferenten* durch eine geringe Zielorientierung charakterisiert. Die *Lohas* und *Figurbewussten* liegen sehr nah aneinander, womit diese Cluster als vergleichbar in ihrer Zielorientierung anzusehen sind.

In diesem Zusammenhang sind ferner die berechneten Korrelationen zwischen den globalen Ergebniserwartungen für den Beitrag des Produktes zu einer gesunden Ernährung und den konkreten Ergebniserwartungen relevant. Interessant ist, dass die Gruppe *WantItAll* auch hier durchgängig die höchsten Werte aufweist. Somit sieht diese Gruppe den stärksten Zusammenhang zwischen den Ergebniserwartungen für eine gesunde Ernährung und konkreten Ergebniserwartungen für die Gesundheit durch das Produkt. Die *Indifferenten* sehen den geringsten Zusammenhang zwischen diesen beiden Variablen. So können diese Probanden beispielsweise der Meinung sein, dass das Produkt einen Beitrag für ein geringeres Risiko von Herzerkrankungen im Alter leistet. Dies wird jedoch weniger in Verbindung mit einem positiven Effekt auf die eigene Ernährung betrachtet. Dies legt die Vermutung nahe, dass diese Probanden dem Produkt positive Eigenschaften für die konkreten Konsequenzen zuschreiben, dies aber nicht in Relation mit einer gesunden Ernährung sehen. Hier scheinen andere Aspekte der Gesundheit wichtiger zu sein, die nicht im Zuge der konkreten Ergebniserwartungen abgefragt wurden. Gestützt wird diese Annahme durch die Mittelwerte innerhalb dieses Clusters.[501] Diese liegen für globale Ergebniserwartungen bei 2,85, während sie bei 4,02 für den Beitrag des Produktes zur Senkung des Cholesterinspiegels bzw. bei 3,89 für die Reduktion von Herzerkrankungen im Alter liegen. Die *Lohas* und die *Figurbewussten* weisen durchweg Korrelationen um 0,5 bis 0,6 auf. Auch für den wahrgenommenen Zusammenhang der globalen und konkreten Ergebniserwartungen weisen diese Cluster eine Gemeinsamkeit auf. Lediglich in Bezug auf die Mittelwerte unterscheiden sich die Cluster. Die *Lohas* sind etwas kritischer als die *Figurbewussten*, was die Mittelwerte belegen, die über alle Indikatoren der Ergebniserwartungen niedriger ausfallen.

Nach der Charakterisierung der Cluster im Hinblick auf deren Zielorientierung sowie deren Verständnis über das Konstrukt Ergebniserwartung, widmet sich die Interpretation nun den PLS-Schätzergebnissen für die Teilsample. Zunächst lässt sich festhalten, dass über alle

[501] Die Mittelwerte der globalen und konkreten Ergebniserwartungen finden sich in Tabelle 45 im Anhang.

Cluster hinweg die Wirkungszusammenhänge H4 und H5 im Vergleich zu den restlichen Hypothesen am stärksten ausgeprägt sind. Das Kernkonstrukt Vertrauen in die Marke erweist sich als signifikante Einflussgröße über die verschiedenen Motiv-Gruppen hinweg und wirkt sich damit signifikant positiv auf die nachgelagerten Konstrukte, induzierte PBC und Ergebniserwartungen, aus. Im Folgenden werden alle Cluster zunächst im Hinblick auf die Hypothesen H4 und H5 näher beleuchtet, um danach die Hypothesen zum Vertrauensaufbau in die Marke zu evaluieren. Abschließend beschäftigt sich die Interpretation mit den Effekten auf das Zielkonstrukt.

Innerhalb des ersten Clusters, der Gruppe der *Lohas,* wirkt sich das Vertrauen in die Marke mit Pfadkoeffizienten in Höhe von 0,6910 bzw. 0,6340 in etwa gleich stark auf PBC bzw. Ergebniserwartungen aus. Markenvertrauen vermag die Varianz, zusammen mit Ergebniserwartungen, von PBC mit 64% und Ergebniserwartungen mit etwa 40% zu erklären. Eine nähere Betrachtung der Faktorladungen des Konstruktes Vertrauen für diese Gruppe macht deutlich, dass insbesondere die Dimensionen Integrität und Kompetenz für die *Lohas* wichtig sind. Alle Indikatoren dieser Komponenten weisen Faktorladungen im Bereich von 0,8 bis 0,87 auf und liegen damit über den Ladungen der Komponenten Wohlwollen und Glaubwürdigkcit. Dic Bildung positiver Erwartungen gegenüber der Marke ist für *Lohas* somit insbesondere von einem aufrichtigen und ehrlichen Verhalten sowie den wahrgenommenen Fähigkeiten der Marke abhängig. Diese Gruppe stellt einen weniger hohen Anspruch an eine ständige Weiterentwicklung der Produkte (Wohlwollen), was möglicherweise mit dem Fokus der *Lohas* auf Nachhaltigkeit zu erklären ist. Wohlwollen wurde durch Indikatoren operationalisiert, die auf eine ständige Weiterentwicklung der Produkte im Zuge des Fortschritts abzielten. Auch ist die Dimension Glaubwürdigkeit in dieser Gruppe etwas geringer ausgeprägt. So vertrauen *Lohas* weniger auf eine Qualitätsgarantie durch die Marke selbst.

Ganz im Gegensatz zur Gruppe *WantItAll*. Die Analyse der Faktorladungen zeigt, dass alle Dimensionen des Markenvertrauens sehr hoch auf das Konstrukt laden. Die Gruppe der *WantItAll* stellt somit höhere Ansprüche für einen Vertrauensaufbau an die Marke. Der stärkere Einbezug der Komponente Glaubwürdigkeit und somit der Marke als Garant für gute Qualität, resultiert in einem deutlich höheren Pfadkoeffizienten für die Hypothese H5. Markenvertrauen wirkt sich mit einem Pfadkoeffizienten von 0,8140 auf die Ergebniserwartungen aus. Dieser Wert ist im Vergleich zu den anderen Gruppen mit Abstand am höchsten. Wie bereits für die Erhebungsgesamtheit erläutert, kommt durch dieses Konstrukt die Einschätzung über den effektiven Beitrag des Produktes zur Zielerreichung zum Ausdruck. Durch den sehr hohen Pfadkoeffizienten für H5 innerhalb der Gruppe *WantItAll,* unterscheidet sich dieses Cluster signifikant von allen anderen Clustern für diesen Wirkungszusammenhang. An dieser Stelle kann festgehalten werden, dass für diese Gruppe das Markenvertrauen innerhalb der vorliegenden Studie im Vergleich zu den restlichen ermittelten Clustern am wichtigsten ist. Dieser Effekt könnte durch die starke Zielorientierung und die wahrgenommene Betroffenheit dieser Gruppe begründet sein.

Das dritte Cluster, die Gruppe der *Indifferenten*, weist ebenso positive und signifikante Pfadkoeffizienten für die Hypothesen H4 und H5 auf. Dennoch verlässt sich dieses Cluster, gemäß den Ergebnissen dieser Studie, auf die Marke. Die Analyse der Pfadkoeffizienten zeigt wiederum, dass auch in diesem Sample Markenvertrauen vornehmlich auf den Dimensionen Kompetenz und Integrität beruht. Jedoch ist an dieser Stelle anzumerken, dass Vertrauen in die Marke für diese Gruppe im Vergleich zu den anderen Clustern weniger Varianz zu erklären vermag. Das Bestimmtheitsmaß liegt für PBC bei 0,4522 und für Ergebniserwartungen bei 0,3417. Diese Werte können als durchaus akzeptabel eingestuft werden, machen jedoch vor allem im Vergleich zu den restlichen Clustern deutlich, dass sich diese Gruppe bei der Bildung von Erwartungen gegenüber der Marke weniger auf das Markenvertrauen allein beruft. Dies erscheint plausibel, da diese Gruppe in Bezug auf den Untersuchungsgegenstand als weniger zielorientiert einzustufen ist. Abschließend sei für dieses Cluster jedoch angemerkt, dass die Fallzahl der Teilgruppe mit 48 Probanden sehr gering ist. Die F-Werte innerhalb der Überprüfung der Güte der Clusterlösung deuten darauf hin, dass diese Gruppe nicht vollständig homogen ist.[502] Folglich sollten diese Schlussfolgerungen mit Vorbehalt betrachtet werden.

In Bezug auf das Bestimmtheitsmaß R^2 zeichnet sich für die *Figurbewussten* ein ähnlicher Sachverhalt wie in Cluster 3 ab. Vertrauen vermag mit etwa 35% die Varianz der Ergebniserwartungen zu erklären. Im Unterschied zu den *Indifferenten* liegt die Varianzerklärung für PBC durch Vertrauen jedoch mit 55% deutlich höher. Für die Gruppe der *Figurbewussten* kann das Vertrauenskonstrukt ebenso als starke Einflussgröße identifiziert werden. Mit

[502] Vgl. Tabelle 42 im Anhang.

Pfadkoeffizienten in Höhe von 0,587 auf PBC und 0,590 auf die Ergebniserwartungen stellt es die stärksten Effekte in dieser Teilgruppe dar. Als Zwischenfazit kann festgehalten werden, dass sich das Cluster der *WantItAll* im Hinblick auf Hypothese H5 signifikant von allen anderen Clustern unterscheidet. Durch Betrachtung dieses Befundes in Zusammenhang mit der zusätzlichen Charakterisierung im Hinblick auf die Zielorientierung und den berechneten Korrelationskoeffizienten, lässt sich diese Differenz möglicherweise vor diesem Hintergrund erklären.

Für den Aufbau von Vertrauen zeigen sich keine signifikanten Unterschiede durch den Gruppenvergleich nach *Chin*. Durch das Beibehalten oder Ablehnen einzelner Hypothesen treten jedoch Differenzen in den Clustern auf. Die Gruppen *Lohas* und *WantItAll* ähneln sich hierbei im Hinblick auf die Wichtigkeit der Komponenten zum Aufbau von Vertrauen. Für beide Gruppen stellt die Zufriedenheit mit der Marke in der Vergangenheit die wichtigste Größe zur Vertrauensförderung dar. Die Gruppe *WantItAll* weist mit 0,4210 einen leicht höheren Pfadkoeffizienten als die Gruppe der *Lohas* auf. Da Zufriedenheit vor allem die Leistungskomponente der Produkte widerspiegelt, könnte der etwas stärkere Wirkungszusammenhang wieder durch den Fokus der *WantItAll* auf die Dimension Kompetenz für das Vertrauenskonstrukt sowie die stärkere Zielorientierung begründet sein. Allerdings sind hier die Unterschiede nicht ausreichend hoch, um als signifikant angenommen zu werden. Auch die Konstrukte Kommunikation und Reputation wirken sich in beiden Gruppen signifikant positiv auf die Bildung von Vertrauen aus. Die Variablen erklären für die *Lohas* etwa 65% und für die *WantItAll* 67% der Varianz von Markenvertrauen und stellen somit geeignete und wirksame Stellhebel zur Förderung von Vertrauen dar. Für das Cluster der *Indifferenten* konnten keinerlei signifikante Einflüsse auf das Vertrauenskonstrukt festgestellt werden. Alle Hypothesen wurden abgelehnt. Somit achten diese Probanden weder auf die Reputation der Marke, noch auf die Kommunikation. Auch die Zufriedenheit mit der Marke scheint nicht als Anhaltspunkt zur Förderung von Vertrauen angesehen zu werden. Die Angaben zum Konstrukt Zufriedenheit wurden nur von Probanden gemacht, die das Produkt auch schon einmal gekauft haben. In diesem Sample machten lediglich 21 Probanden durch einen Kauf Erfahrungen mit der Marke *Becel*. Vor dem Hintergrund, dass diese Konsumenten bei der Auswahl ihrer täglichen Lebensmittel keinerlei in dieser Studie aufgeführte Kriterien berücksichtigen, erscheint auch ein Ableiten von möglichen Ansatzpunkten zur Beeinflussung schwierig. Auf

Basis der vorliegenden Schätzergebnisse kann keine Aussage über einen wirksamen Vertrauensaufbau für diese Gruppe erfolgen. Weiterhin musste die Hypothese H1 für die Gruppe der *Figurbewussten* verworfen werden. Somit unterscheidet sich diese Gruppe signifikant von den *Lohas* und *WantItAll*. Die Probanden in dieser Gruppe schreiben der Reputation für den Aufbau von Vertrauen keine Wichtigkeit zu. Ein möglicher Grund für diesen Sachverhalt könnte darin begründet sein, dass diese Gruppe im Hinblick auf die relevanten Kaufmotive vornehmlich direkt beobachtbare Kriterien berücksichtigt.[503] So achtet diese Gruppe einerseits auf den Preis und die Erhältlichkeit in Supermärkten in ihrer Nähe. Andererseits werden Produkte in die Auswahl mit einbezogen, die den Konsumenten bereits bekannt sind und zu deren regulären Speisen gehören. An dieser Stelle wird deutlich, dass der Faktor Reputation wenig Ansatzpunkte zur Beeinflussung dieser Konsumenten bietet. Die Ablehnung von H1 in dieser Gruppe erscheint als plausibel.

Das Zielkonstrukt der vorliegenden Studie wird in jedem Cluster signifikant durch die Komponenten PBC und Ergebniserwartungen beeinflusst. Das Bestimmtheitsmaß R^2 ist mit 0,6636 am höchsten für die Gruppe der *WantItAll*, gefolgt von den *Lohas* mit einer erklärten Varianz von 0,4654. Cluster 4, die *Figurbewussten*, weist einen ähnlichen Wert in Höhe von 0,4319 zur Erklärung der Kaufabsicht durch die antezedenten Konstrukte auf. Im Cluster der *Indifferenten* erreicht R^2 lediglich einen Wert von 0,3963 und ist damit am niedrigsten ausgeprägt. An dieser Stelle ist wiederum eine gemeinsame Betrachtung mit der Charakterisierung des Clusters im Hinblick auf deren Zielorientierung möglich. Die abnehmende Varianz mit der gleichzeitig abnehmenden Zielorientierung könnte darauf hindeuten, dass insbesondere Probanden mit einer geringen Zielorientierung für diesen Untersuchungsgegenstand eher andere, nicht in dieser Studie erfasste Kriterien, für ihre Produktauswahl heranziehen.

Für die zielorientierten Komponenten bzw. deren Einfluss auf das Zielkonstrukt Kaufabsicht ergeben sich drei signifikante Unterschiede. Für die Gruppe der *Lohas* kann die Hypothese H6 nicht beibehalten werden. Somit wirken sich die Ergebniserwartungen hier nicht auf die Kontrollüberzeugungen der Probanden aus. Für die Totaleffekte bedeutet dies, dass das Cluster der *Lohas* die einzige Teilgruppe darstellt, in denen der Einfluss von PBC auf die Kaufabsicht größer ist als der durch positive Ergebniserwartungen. Durch die Schätzergebnisse im Cluster der *Lohas* ergeben sich weiterhin zwei signifikante Unterschiede im

[503] Vgl. Kapitel 4.4. Errechnete t-Werte für die Cluster.

Gruppenvergleich nach *Chin (2000)*. So unterscheidet sich das Cluster zur Bildung einer Kaufabsicht signifikant von der Gruppe der *Figurbewussten*. Für die *Lohas* sind die induzierten Kontrollüberzeugungen durch das Produkt relativ wichtiger im Vergleich zu der Gruppe *Figurbewusste*. Eine mögliche Erklärung könnten in diesem Zusammenhang die Faktorladungen von Markenvertrauen geben. Diese Probanden sehen die Marke weniger als Garantie für eine gesunde Ernährung an. Dies könnte darauf hindeuten, dass hier eigene Initiativen und Aktivitäten zu einer gesunden Ernährung eine größere Rolle spielen. Im Unterschied wiederum zu der Gruppe *WantItAll*, die sich wie bereits erläutert durch einen starken Fokus auf die Ergebniserwartungen auszeichnet, legen die *Lohas* weniger Wert auf die erwarteten Konsequenzen durch den Konsum. Somit ergibt sich auch für H8 ein signifikanter Unterschied zwischen diesen beiden Gruppen.

Alter

In Bezug auf die Zielorientierung anhand der Mittelwerte für die Variablen Involvement, antizipierte Emotionen und wahrgenommene Betroffenheit zeigt sich, dass die Gruppe *> 40 Jahre* eine vergleichbare Zielorientierung aufweist wie die Gruppe *< 40 Jahre*. Deutlichere Unterschiede sind nur auf die Größe wahrgenommene Betroffenheit zu erkennen. Mit einem durchschnittlichen Wert in Höhe von 3,13 liegen die jüngeren Probanden unter dem neutralen Punkt und die älteren Probanden mit einem Wert in Höhe von 4,86 darüber. Eine Analyse der Korrelationen für die Altersgruppen macht deutlich, dass ältere Probanden mit durchweg höheren Korrelationen einen stärkeren Zusammenhang zwischen dem Beitrag des Produktes zu ihrer gesunden Ernährung und konkreten Konsequenzen für ihre Gesundheit sehen. Die jüngeren Probanden sehen zwar einen positiven Zusammenhang, dieser ist jedoch schwächer ausgeprägt.[504]

Interessant sind in diesem Kontext auch die Konstruktmittelwerte. Für den effektiven Beitrag des Produktes zur gesunden Ernährung liegt der Mittelwert für die Gruppe *< 40 Jahre* bei 2,98. Die konkreten Indikatoren Y_{11} sowie Y_{13} sind mit 4,25 bzw. 4,11 im Mittel höher bewertet worden. Vor dem Hintergrund der schwächeren Korrelationskoeffizienten legt dies die Überlegung nahe, dass jüngere Probanden dem Produkt durchaus positive Effekte zuschreiben. Jedoch bringen sie damit weniger positive Effekte für die eigene gesunde

[504] Die einzelnen Mittelwerte für die Konstrukte sind in Tabelle 45 im Anhang zusammengefasst.

Ernährung in Zusammenhang. Dies könnte auf die oben beschriebenen Unterschiede im Hinblick auf die wahrgenommene Betroffenheit zurückzuführen sein. Es kann festgehalten werden, dass die jüngeren Probanden für den Untersuchungsgegenstand einer gesunden Ernährung gemäß den vorliegenden Studienergebnissen, eine geringer ausgeprägte Zielorientierung aufweisen.

In beiden Untersuchungsgruppen, > *40* und < *40 Jahre*, erweist sich das Vertrauenskonstrukt als zentrale Größe. Innerhalb der unter 40-jähren liegen die Pfadkoeffizienten von H4 und H5 bei 0,6180 bzw. 0,6120, womit sie die stärksten Effekt innerhalb dieser Gruppe darstellen. Auch die Gruppe der über 40-jähren weist hohe Werte für den Einfluss von Vertrauen auf. Insbesondere der Pfadkoeffizient von H5 erweist sich mit 0,8190 als sehr hoch. Dies ähnelt den Ergebnissen der Clusterlösung *WantItAll*. Auch dort zeichnet sich H5 durch einen starken Zusammenhang in Höhe von 0,814 aus. Der Altersdurchschnitt dieser Teilgruppe liegt bei 45 Jahren und stellt das älteste Cluster dar. Diese Schätzergebnisse erweisen sich folglich als konsistent mit der älteren Teilgruppe. Infolgedessen sind für reifere Probanden insbesondere die Ergebniserwartungen von Bedeutung und von höherer Wichtigkeit als im jüngeren Sample. Dieser Unterschied bestätigt sich durch den Gruppenvergleich nach *Chin (2000)* mit einem t-Wert in Höhe von 3,1475. Interessanterweise verhält es sich jedoch bei dem Einfluss von Vertrauen auf die wahrgenommene Verhaltenskontrolle genau gegensätzlich. Obwohl der Pfadkoeffizient von H4 zu den höchsten innerhalb der älteren Gruppe gehört, liegt er unter dem der jungen Teilgruppe. Dies spiegelt sich im Gruppenvergleich wider. Auch hier liegt der t-Wert in Höhe von 1,7035 über dem kritischen Wert von 1,66. Zur Analyse der Unterschiede lohnt die Betrachtung weiterer Gütekriterien für das Konstrukt Markenvertrauen.

Neben der Betrachtung der signifikanten Pfadkoeffizienten offenbaren sich ebenso interessante Unterschiede bezüglich des Bestimmtheitsmaßes R^2. Vertrauen vermag in der Gruppe der älteren Probanden, die nachgelagerten Konstrukte mit jeweils 72% für PBC bzw. 67% für Ergebniserwartungen zu erklären. In dem jüngeren Sample fungiert Markenvertrauen ebenso als starke Determinante mit 60% erklärter Varianz für PBC. Allerdings werden die Ergebniserwartungen scheinbar durch weitere, nicht in der Studie enthaltene, Faktoren beeinflusst. Das Bestimmtheitsmaß R^2 erfüllt zwar mit einem Wert von 0,3740 das Mindestmaß an das Gütekriterium, weist aber den mit Abstand niedrigsten Wert für das Konstrukt auf. Jüngere Probanden suchen demzufolge nach weiteren Anhaltspunkten zur Beurteilung der Konsequenzen des Konsums. Es liegt die Vermutung nahe, dass diese Ergebnisse auf die schwächer ausgeprägten Korrelationskoeffizienten und somit auf das Verständnis der Probanden von Ergebniserwartungen zurückzuführen ist. Jüngere Probanden sehen anscheinend die möglichen positiven Konsequenzen in Bezug auf ihre Gesundheit, beurteilen dies aber nicht als positiven Beitrag zur ihrer eigenen gesunden Ernährung.

In beiden Teilgruppen wird Vertrauen in die Marke ausreichend durch die antezedenten Konstrukte erklärt. Innerhalb des Teilsamples < *40 Jahre* musste die Hypothese H1 als nicht signifikant abgelehnt werden. Somit trägt dieses Konstrukt nicht zur Varianzerklärung bei und führt zu einem Unterschied zwischen den Altersgruppen. Demnach orientieren sich jüngere Probanden nicht an der Reputation der Marke beim Aufbau von Vertrauen. Eine mögliche Erklärung für diesen Sachverhalt findet sich in der Studie von *Chambers et al. (2008).* Ziel der Studie war es, Unterschiede durch Alter und Geschlecht bei der Auswahl von Lebensmitteln zu identifizieren. Die Analyse der Fokusgruppen ergab, dass insbesondere junge Probanden glauben, dass Lebensmittelhersteller lediglich an Gewinnen interessiert sind und sich eine stärkere staatliche Kontrolle zur Produktion von gesunden Lebensmitteln wünschen.[505] Demgegenüber hat die Reputation der Marke für ältere Probanden durchaus einen signifikanten Effekt in Höhe von 0,1690 auf die Vertrauensbildung. Das Konstrukt Kommunikation wirkt sich im jüngeren Teilsample signifikant auf die Vertrauensbildung gegenüber der Marke aus. Dies steht nicht zwangsläufig im Widerspruch zur Verwerfung von H1, da dieses Konstrukt mit dem Schwerpunkt auf eine offene und ehrliche Kommunikation operationalisiert wurde. So wird eine gewisse Transparenz in der Kommunikation auch von den jüngeren Probanden geschätzt. Dieser Sachverhalt erweist sich in beiden Gruppen als signifikant positiv und es kommt zu keinen Gruppenunterschieden. Ebenso spielt Zufriedenheit als wichtige Größe bei der Förderung von Markenvertrauen in beiden Gruppen eine Rolle.

In Bezug auf die Komponenten des zielgerichteten Verhaltens ergibt sich wiederum eine signifikante Differenz zwischen den Altersgruppen. Es zeigt sich, dass für die jüngeren Probanden die Ergebniserwartungen einen geringeren Einfluss auf die Kontrollüberzeugungen haben als in der älteren Gruppe. Hypothese H6 wird durch einen Pfadkoeffizienten in Höhe von 0,2240 für die Gruppe < *40 Jahre* beschrieben. Der Wirkungszusammenhang für die

[505] Vgl. Chambers et al. (2008), S. 363.

ältere Gruppe ist mit einem Pfadkoeffizienten von 0,4430 doppelt so hoch. Der deutlich höhere Pfadkoeffizient lässt vermuten, dass je älter der Konsumenten ist, desto eher wird er bei der Bildung von Kontrollüberzeugungen und eigener Fähigkeiten auch auf die positiven Erwartungen im Hinblick auf den Konsum der Marke zurückgreifen. Ein möglicher Grund könnte auch hier auf das Verständnis des Konstruktes Ergebniserwartungen in den Teilgruppen zurückzuführen sein. Da jüngere Probanden den Konsum des Produktes weniger als effektiven Beitrag für ihre eigene gesunde Ernährung sehen, erscheint es plausibel, dass das Konstrukt auch dementsprechend seltener als Quelle für Kontrollüberzeugungen herangezogen wird. Abschließend unterstreichen die Totaleffekte nochmals Bedeutung der positiven Ergebniserwartungen mit einem Wert von 0,626. Auch das Kernkonstrukt der vorliegenden Studie beeinflusst das Zielkonstrukt mit einem Totaleffekt in Höhe von 0,690. Im jüngeren Sample sind die Totaleffekte wiederum mit 0,424 für Ergebniserwartungen und 0,525 für Vertrauen ausgeprägt.

Involvement und antizipierte Emotionen

Abschließend kann festgehalten werden, dass das Involvement mit dem Ziel auch zu signifikanten Unterschieden für eine der betrachteten Hypothesen (H5), zwischen den Gruppen High- und Low-Involvement führt. Aufgrund der Wichtigkeit des Zieles variiert die Stärke des Zusammenhangs zwischen Markenvertrauen und Ergebniserwartungen. Für die Hypothese H4 zeigten sich keine Unterschiede. Die Pfadkoeffizienten in H4 sind in beiden Gruppen auf einem vergleichbar hohen Niveau. Ein möglicher Grund könnte sein, dass Probanden mit zunehmendem Involvement auch eher davon überzeugt sind, ihre Ziele selbst erreichen zu können, da sie sich eher damit auseinandersetzen und bereits Wissen angeeignet haben. Folglich würde das Vertrauen in die Marke keine signifikanten Steigerungen herbeiführen. In diesem Zusammenhang nehmen wiederum die Ergebniserwartungen eine besondere Stellung ein. Diese Größe ist auch eher von dem Hersteller abhängig und somit könnte dies die höhere Relevanz von Vertrauen begründen. Der moderierende Effekt durch die antizipierten Emotionen konnte nicht bestätigt werden. Dies überrascht insofern, da durch dieses Konstrukt die Begehrtheit eines Zieles zum Ausdruck kommt. Ähnlich zu Involvement sind hier signifikante Unterschiede vermutet worden. An dieser Stelle sei auf weiteren Forschungsbedarf verwiesen, insbesondere im Hinblick auf die Rolle von affektiven und kognitiven Elementen, im Zusammenhang mit dem Vertrauenskonstrukt.

4.7 Ableitung von Implikationen für die Praxis und Forschung

Das folgende Kapitel konzentriert sich zum einen auf das Ableiten von Implikationen für die Praxis auf Basis der gewonnen PLS-Schätzergebnisse sowie deren Interpretation. Es gilt, das zentrale Forschungsanliegen dieses Buches, die Evaluation der zentralen Rolle von Markenvertrauen, auch für das Marketing-Management adäquat in Form von Handlungsempfehlungen aufzubereiten und somit potentielle Ansatzpunkte für die Gestaltung von Marketing-Aktivitäten aufzuzeigen. Zum anderen werden Forschungsanliegen formuliert, die sich sowohl aus dieser Studie ergeben als auch nicht in der vorliegenden Arbeit abgedeckt werden konnten.

Diese Arbeit konnte empirisch aufzeigen, dass Vertrauen in die Marke als wirkungsvolles Element im Kaufentscheidungsprozess eines Konsumenten fungiert. Es erweist sich für diesen Untersuchungsgegenstand als signifikante Einflussgröße über alle Gruppen hinweg. In Abhängigkeit des Kaufmotivs sowie des Alters und Involvements, variiert jedoch die Stärke des Einflusses durch das Markenvertrauen. Das Markenvertrauen determiniert die Kaufabsicht eines Konsumenten auch indirekt durch die Größen positive Ergebniserwartungen und induzierte wahrgenommene Verhaltenskontrolle. Dies verdeutlicht noch einmal die Bedeutung des Markenvertrauens in Geschäftsbeziehungen. Folglich sollte dieser Größe auch in der Praxis ausreichend Aufmerksamkeit geschenkt werden. Mögliche Ansatzpunkte liefert zunächst die gewählte Konzeptualisierung innerhalb dieser Studie.[506] Markenvertrauen ist ein komplexes und vielschichtiges Konstrukt. In der vorliegenden Studie setzt es sich aus Integrität, Wohlwollen, Glaubwürdigkeit und Kompetenz zusammen. Für ebendiese Vielschichtigkeit sollte das Marketing-Management ein Bewusstsein entwickeln. Markenvertrauen geht über die reine Glaubwürdigkeit einer Marke hinaus. Innerhalb dieser Studie reflektiert Glaubwürdigkeit insbesondere die Fähigkeiten einer Marke, angekündigte Leistungen zu erfüllen. Hierbei wird deutlich, dass eine Marke das notwendige Wissen und die Kapazitäten aufweisen sollte, um die Erwartungen der Verbraucher erfüllen zu können. Auch die Kompetenz, als Dimension von Markenvertrauen, zielt auf diesen Sachverhalt ab. Neben diesen Dimensionen sind Integrität sowie Wohlwollen wichtige Elemente von Markenvertrauen und unabdingbar für dessen Existenz. Neben der Kompetenz hat sich hauptsächlich die Komponente Integrität, reflektiert durch die empfundene Ehrlichkeit und Aufrichtigkeit der Marke,

[506] Vgl. Kapitel 3.2.1. Konzeptionelle Grundlagen zu Vertrauen im ökonomischen Kontext.

als relevant erwiesen.[507] An dieser Stelle sei noch einmal auf die Definition von *Deutsch (1962)* verwiesen, der eine Vertrauenssituation durch die Steigerung der eigenen Verwundbarkeit und Abhängigkeit charakterisiert.[508] Dies macht deutlich, dass eine Marke dem Verbraucher mehr suggerieren muss als Fähigkeiten und Können, um dessen Vertrauen zu erlangen. Es ist wichtig, dass der Konsument seine Interessen wahrgenommen und verwirklicht sieht. Das Unternehmen sollte wohlwollend auftreten und dem Verbraucher vermitteln können, dass er als Orientierungspunkt der Marketing-Aktivitäten im Mittelpunkt steht. Letztendlich ist es entscheidend, ob all diese Maßnahmen auch als ehrlich wahrgenommen werden. Für die vollständige Existenz von Vertrauen in die Marke ist auch diese Dimension zu berücksichtigen.

Neben den Dimensionen von Vertrauen als mögliche Ansatzpunkte, konnte diese Studie wirksame Stellhebel zur Förderung von Vertrauen identifizieren. Die Variablen Zufriedenheit, Kommunikation sowie Reputation dienten in dieser Studie als exogene Einflussgrößen auf das Markenvertrauen. Das Zufriedenheitskonstrukt hat sich, bis auf die Untersuchungsgruppe der *Indifferenten*, als effektive Möglichkeit zur Förderung von Markenvertrauen erwiesen. Die Beurteilung der Zufriedenheit setzt zunächst erste Erfahrungen mit der Marke voraus. Erst danach kann eine Beurteilung der erbrachten Leistung erfolgen. Testaktionen oder „Geld zurück Garantien" könnten hierbei ein geeignetes Mittel zur Herstellung eines ersten Kundenkontaktes darstellen. Durch einen Testcharakter oder ausgesprochene Garantien, könnte die Hemmschwelle für einen ersten Probekauf gesenkt werden, indem das wahrgenommene Risiko für den Verbraucher gesenkt wird. Dies zeigen auch Beispiele aus der Lebensmittelbranche. So hat beispielsweise *Actimel* im Jahr 2009 die Herbst-Aktion „Probieren geht über Studieren mit Zufriedenheitsgarantie" gestartet.[509] Gemäß des Confirmation/Disconfirmation Paradigmas kann Zufriedenheit aber nur dann entstehen, wenn die Erwartungen des Verbrauchers erfüllt werden.[510] Eine wichtige Aufgabe für das Marketing-Management und auch die Marketing-Forschung ist in diesem Zusammenhang demnach das Evaluieren der Ansprüche auf Seiten der Konsumenten an das Produkt. Für den Kontext dieser Studie bedeutet dies, die Erwartungshaltung der Verbraucher für die Wirkung von einem Lebensmittel mit gesundheitlichem Zusatznutzen, Functional Food, zu kennen. Testphasen und Verbraucher-

[507] Die Analyse der Faktorladungen hat gezeigt, dass die Dimension Integrität über alle Untersuchungsgruppen hinweg mit am stärksten ausgeprägt war.
[508] Vgl. Deutsch (1962), S. 303 f.
[509] Actimel (2009).
[510] Vgl. Homburg/Koschate/Becker, S. 1396.

studien vor einer Produkteinführung können deshalb die Sicherheit eines Markterfolges erhöhen. An dieser Stelle wird deutlich, dass eine adäquate Kommunikation einen wichtigen Beitrag leisten kann, den Nutzen und Effekt der Marke im richtigen Maß zu bewerben. Die Kommunikation der Marke hat sich auch als geeigneter Ansatzpunkt für den Aufbau von Markenvertrauen erwiesen. Diese Variable übt für fast alle Untersuchungsgruppen einen signifikant positiven Einfluss auf das Vertrauenskonstrukt aus. Lediglich das Cluster der *Indifferenten* stellt hierbei eine Ausnahme dar. Wichtig in diesem Zusammenhang ist die Tatsache, dass Kommunikation als offen gegenüber dem Verbraucher begriffen wird und demnach Transparenz vermitteln soll. Das Kommunizieren von Leistungsgrenzen der Marke muss nicht zwangsweise als negativ gewertet werden.[511] So kann es beispielsweise dazu beitragen, keine übersteigerte Erwartungshaltung auf Seiten der Konsumenten zu erzeugen, die möglicherweise zu deren Enttäuschung und somit zu Unzufriedenheit führen können.

Die dritte Größe zur Förderung von Vertrauen in dem vorgestellten Modell ist der Faktor Reputation. Im Gegensatz zu den Variablen Zufriedenheit und Kommunikation erwies sich dieses Konstrukt nicht durchgängig als signifikante Einflussgröße für den Vertrauensaufbau. Die Reputation der Marke hatte vor allem für jüngeren Probanden keine Bedeutung. So wurde die Hypothese für die Teilgruppe *< 40 Jahre* als auch für die Cluster der *Figurbewussten* und *Indifferenten* abgelehnt, wobei diese Teilgruppen im Schnitt jünger als 40 Jahre waren. Nach den vorliegenden Ergebnissen lassen sich demnach jüngere Konsumenten bei dem Aufbau von Markenvertrauen für den Bereich Lebensmittel weniger durch einen guten Ruf der Marke leiten. Bei Investitionen zum Aufbau einer guten Reputation im Markt sollte demnach differenzierter vorgegangen werden. Für jüngere Probanden empfiehlt es sich, vor allem aus einer kurzfristigen Perspektive heraus, erste Kontakte mit der Marke zu fördern, um so die Bekanntheit zu steigern oder eine mögliche Skepsis gegenüber der Marke abzubauen. Falls aus diesem Kontakt eine langfristige Kundenbeziehung wächst erscheint es denkbar, dass auch für diese Gruppe Reputation wichtig wird bzw. dass dadurch Reputation entstehen kann. Für ältere Probanden lohnen Investitionen sowie das Kommunizieren einer guten Reputation der Marke nach Erkenntnissen dieser Studie mehr und von Beginn der Kundenbeziehung an.

511 Zur Operationalisierung des Konstruktes Kommunikation wurde unter anderem der Indikator „Die Marke Becel informiert ihre Kunden über Leistungsgrenzen der Produkte“ eingesetzt.

Für die Auswirkungen von Markenvertrauen auf die zielgerichteten Verhaltenskomponenten sowie für die Einflüsse auf das Zielkonstrukt haben sich signifikante Unterschiede für die Untersuchungsgruppen gezeigt. Insbesondere vor dem Hintergrund der Zielorientierung, hier die gesunde Ernährung, und der wahrgenommenen Betroffenheit ergaben sich Differenzen. Eine starke Wirkung geht von dem Konstrukt positive Ergebniserwartungen aus. Die nähere Beleuchtung der Korrelationen zwischen diesem Konstrukt und konkreten Erwartungen für die Gesundheit der Probanden zeigte deutlich, dass die jüngere Altersgruppe sowie die Cluster der *Indifferenten* einen weniger starken Zusammenhang dieser Effekte mit dem Beitrag des Produktes zu ihrer gesunden Ernährung sehen. In diesen Teilgruppen konnte vor allem weniger Varianz durch Vertrauen und für die Kaufabsicht erklärt werden. Aus diesem Sachverhalt lässt sich Handlungsbedarf für den Markenhersteller ableiten. Hier wird deutlich, dass Vertrauen insbesondere relevant ist, wenn das Bezugsobjekt von Wichtigkeit ist oder ein Risiko von dem Individuum wahrgenommen wird.

Die Kommunikation sollte dafür Sorge tragen, dass die positiven Effekte des Produktes auch einen Nutzenzuwachs für die eigenen Bedürfnisse wahrgenommen werden. Damit kann eine größere Zielgruppe angesprochen werden. In dieser Studie sind die angesprochen Zielgruppen meist ältere Probanden, die viel Wert auf eine gesunde Ernährung legen. Für die jüngeren Probanden haben sich zwar alle Wirkungszusammenhänge zwischen den vor- und nachgelagerten Beziehungen von positiven Ergebniserwartungen bestätigt, diese fielen aber schwächer aus als in den anderen Teilsamplen. Im Herbst 2009 strahlte *Becel* einen Werbespot aus, der junge Männer nach dem Fußballtraining zeigt. Ein Freund entdeckt beim Herausnehmen eines Erfrischungsgetränkes aus dem Kühlschrank *Becel*-Magarine. Die Männer beginnen, sich darüber lustig zu machen und scherzen zusammen. Der Tenor des Spots ist, dass man nicht früh genug damit beginnen kann, auf sein Herz zu achten, da das Herzalter das Lebensalter auch bereits in jungen Jahren übersteigen kann. Dieser Spot zeigt eine neue Zielgruppe, die bisher noch keine Notwendigkeit gesehen hat, sich für Produkte der Marke zu interessieren. Dies könnte ein guter Weg sein, das Bewusstsein auch jüngerer Menschen für diese Thematik zu sensibilisieren und somit als Ansatzpunkt für weitere Werbemaßnahmen zu dienen.

Als signifikante Einflussgröße hat sich ebenso die induzierte wahrgenommene Verhaltenskontrolle erwiesen. Je höher die Kontrollüberzeugungen des Verbrauchers sind, desto eher wird eine Kaufabsicht gebildet. Die Analyse der Faktorladungen für die zwei Komponenten Selbstwirksamkeitserwartungen und PCB hat gezeigt, dass Selbstwirksamkeitserwartungen durchweg höher auf das Konstrukt geladen haben. Somit erweist sich vor allem diese Größe als interessanter Ansatzpunkt für die Marketing-Kommunikation. Werbebotschaften sollten den Verbrauchern vor allem das Gefühl geben, dass die Marke eigene Fähigkeiten zur Zielerreichung stärken kann. Durch die Förderung eines Gefühls der Zielerreichbarkeit kann die Kaufabsicht positiv beeinflusst werden.

Demnach ist von Werbemaßnahmen mit deutlichen Risikobotschaften eher Abstand zu nehmen. Die Wahrnehmung eines hohen Risikos oder Botschaften, die Angst machen, können zu Vermeidungstaktiken führen, vor allem dann wenn der Konsument kein Gefühl der Kontrolle über diesen Sachverhalt hat.[512] Die Marke sollte eher unterstützend oder fördernd aktiv werden. PCB, als weitere Komponente von induzierter wahrgenommener Verhaltenskontrolle, sollte aber nicht vernachlässigt werden. Der Fokus liegt hierbei auf der Botschaft, dass die Zielerreichung in der Hand des Verbrauchers liegt. Für die vorliegende Studie bedeutet dies, dass jeder Verbraucher auch davon überzeugt sein muss, dass er selbst den Erfolg herbeiführen kann. Im Lebensmittelbereich könnten dies Tipps oder Rezeptideen zur effektiven Integration in den Alltag des Konsumenten sein. Wichtig ist ein bleibendes Gefühl für den Konsumenten, dass Änderungen durch ihn selbst möglich sind.

Implikationen für die Forschung

Es kann festgehalten werden, dass die vorliegende Studie die Einflüsse des Markenvertrauens auf die Konstrukte der induzierten wahrgenommenen Verhaltenskontrolle und den positiven Ergebniserwartungen, gemessen an den angewendeten Gütekriterien, zufriedenstellend erklären kann. Auch das Zielkonstrukt der Studie, die Kaufabsicht des Konsumenten, kann zwischen 39% und 66% erklärt werden. Dennoch weist dies darauf hin, dass auch für die identifizierten Teilgruppen in dieser Studie, noch weitere Faktoren, die nicht in dieser Studie berücksichtigt wurden, auf die zielorientierten Verhaltenskomponenten und Zielgröße wirken. Ferner hat sich diese Studie aufgrund ihrer Zielsetzung auf bestimmte Aspekte innerhalb der

[512] Vgl. Bandura (1997), S. 279.

vorstellten Theorien und Studien beschränkt. Diese lassen ebenso Erweiterungen für die Forschung erkennen. Die Identifikation der Kaufmotive stützte sich auf die Erkenntnisse des *Food Choice Questionnaires*, dessen Umfang für die Studie reduziert wurde. Dieser Sachverhalt stellt einen weiteren Ansatzpunkt für eine umfangreichere und erweiterte Analyse dar, um weitere Kriterien für die Lebensmittelauswahl zu prüfen.

Diese Studie hat sich bezüglich des zielorientierten Verhaltens auf die Bildung einer Zielintention beschränkt. Hier erscheinen Erweiterungen, im Sinne einer Langzeitstudie, zur Beobachtung aller Phasen des Rubikon-Modells interessant. Der ganzheitliche Prozess, von der Zielbildung bis hin zur Zielbeurteilung, wäre zu untersuchen und relevante Konstrukte innerhalb der Phasen zu identifizieren. Die empirischen Befunde zeigen auf, dass für Probanden mit einer höheren Zielorientierung mehr Varianz der Konstrukte erklärt wird. Für Verbraucher mit einer geringen Zielorientierung gilt es folglich, geeignete Instrumente und theoretische Konstrukte für eine effiziente Ansprache zu identifizieren und damit zur der Varianzerklärung für die ökonomische Zielgröße Kaufabsicht beizutragen.

Für das Konstrukt Markenvertrauen konnten drei wirksame Stellhebel identifiziert werden. Jedoch wurden keine Zusammenhänge zwischen diesen Konstrukten betrachtet. Möglicherweise lassen sich hier auch Wechselbeziehungen feststellen, die die Bedeutung eines Konstruktes zum Vertrauensaufbau steigern würde. Ferner sind noch weitere Antezedenzien von Markenvertrauen denkbar. Die Vorhersagbarkeit der Marke könnte beispielsweise in das bestehende Modell integriert werden. Vor allem im Hinblick auf die Kontrollüberzeugungen des Verbrauchers, scheint ein positiver Zusammenhang dieser Größen möglich. Vor dem Hintergrund der Konzeptualisierung von Vertrauen bestehen auch hier weitere Optionen. Für diese Studie hat sich die Konzeptualisierung als geeignet erwiesen. Allerdings ergab die Überprüfung auf Unidimensionalität, dass die zugrunde liegenden Dimensionen voneinander abgrenzbar sind. Dies könnte darauf hindeuten, dass die für diese Studie angewendete unidimensionale Konzeptualisierung je nach Forschungsanliegen genau zu prüfen ist. Grundsätzlich bietet das Vertrauenskonstrukt, gerade im Bereich Marketing, viele interessante Ansatzpunkte für die weitere Forschung. Diese Studie hat sich mit einem Teilaspekt von Vertrauen, dem interpersonellen Vertrauen, beschäftigt. Weitere Formen wie das Systemvertrauen nach *Luhmann (2000)* oder das generalisierte Vertrauen nach *Rotter (1967)* scheinen in einem ökonomischen Kontext auch relevant. Die Untersuchung von Verbrauchervertrauen in die existierenden Institutionen oder Organisationen, wie z. B. für diesen Studienkontext die Europäische Behörde für Lebensmittelsicherheit, könnten wertvolle Hinweise für die Markenhersteller liefern. Abschließend sei angemerkt, dass sich diese Studie mit den positiven Konsequenzen von Markenvertrauen auseinander gesetzt hat und wie dieses zu fördern ist. Gerade in Krisenzeiten erscheint es essentiell, auch die negativen Aspekte, wie etwa einen Vertrauensverlust, zu beleuchten und explizit nach Faktoren zu suchen, die diesen Verlust verursachen. Aus beiden Seiten dieser Vertrauensforschung könnten Regeln für ein erfolgreiches und langfristiges Markenmanagement abgeleitet werden.

Ein Transfer auf andere Untersuchungsgegenstände stellt einen weiteren Ansatzpunkt für die Forschung dar. Der Untersuchungsgegenstand dieser Studie, gesunde Ernährung mit Functional Food, hat bereits einen Vertrauensbedarf der Verbraucher aufgezeigt. Die Übertragung des Modells auf Bereiche, die beispielsweise mit einem höheren finanziellen Risiko verbunden sind, würde die vorliegenden Erkenntnisse ergänzen.

5 Schlussbetrachtung

Das Ziel des vorliegenden Buches bestand darin, das Vertrauen in eine Marke theoretisch und empirisch zu untersuchen. Das Interesse galt dabei zum einen den Wirkungen auf das Zielstreben der Verbraucher. Zum anderen sollten wirksame Einflussgrößen zum Aufbau von Markenvertrauen identifiziert werden. Aufgrund des Rückgangs von Vertrauen in die Lebensmittelbranche, insbesondere für den Bereich Functional Food, ist es für die Hersteller von Produkten mit gesundheitsfördernden Zusätzen von Interesse, ein tieferes Verständnis über Vertrauen und dessen Relevanz für die Verbraucher zu erlangen.

Zur Identifikation von geeigneten zielorientierten Komponenten für diese Studie wurde auf Erkenntnisse der sozial-kognitiven Lerntheorie zurückgegriffen. So konnten mit der induzierten wahrgenommenen Verhaltenskontrolle und den positiven Ergebniserwartungen zwei Elemente berücksichtigt werden, die die Bildung einer Zielintention reflektieren. Ziele stellen Treiber bei den Konsumentscheidungen dar, wobei Produkte und Marken als Mittel zu deren Realisierung angesehen werden. Die Überprüfung von Leistungsversprechen der Hersteller kann jedoch aufgrund asymmetrischer Informationen, zu Gunsten des Herstellers, nicht immer erfolgen. Für Produkte mit einem hohen Grad an Unsicherheit über deren Wirkungsweise, kommt dem Vertrauen eine wichtige Rolle zu. In dieser Studie hat es sich als zweckdienlich erwiesen, zunächst die interpersonelle Vertrauensforschung zu beleuchten, um einen Transfer des Vertrauenskonstruktes in einen ökonomischen Kontext zu erlauben.

Basierend auf den gewonnen Erkenntnissen wurde ein Kausalmodell hergeleitet, welches eine empirische Überprüfung erfuhr. Das Markenvertrauen wurde dabei in den Mittelpunkt der Betrachtung gestellt. Es fungiert als verbindendes Element zwischen möglichen Stellhebeln für das Marketing-Management zur Förderung von Vertrauen und der Zielorientierung der Konsumenten. Als Ansatzpunkte für den Aufbau von Vertrauen in die Marke wurden die Reputation, die Zufriedenheit und die Kommunikation in das Modell integriert. Die Kaufabsicht des Konsumenten, die die Bildung einer Zielintention darstellt, repräsentiert die ökonomische Zielgröße der Studie.

Die Ergebnisse belegen, dass Markenvertrauen einen signifikanten und stark positiven Einfluss auf die zielorientierten Komponenten ausübt. Ebenso beeinflusst es indirekt über diese Konstrukte die Kaufabsicht der Konsumenten. Zum Aufbau von Vertrauen in die Marke zeigt sich die Zufriedenheit als einflussreicher Faktor. Sie erweist sich in fast allen berücksichtigten Motiv- und Altersgruppen als stärkste Determinante. Auch die Kommunikation beeinflusst den Aufbau von Markenvertrauen signifikant. Für ältere Probanden stellt sie sogar den stärksten Effekt auf das Markenvertrauen dar. Die Reputation wirkt nicht über alle Untersuchungsgruppen signifikant auf das Vertrauen und stellt somit eine durchaus wirksame, aber selektiv zu prüfende Größe dar. Für die formulierten Moderatoren innerhalb dieser Studie konnte ein Einfluss des Kaufmotiv, des Alters und des Involvements auf die Stärke der aufgeführten Wirkungszusammenhänge teilweise bestätigt werden, wohingegen ein moderierender Effekt durch die antizipierten Emotionen empirisch nicht nachgewiesen wurde. Über die Motiv- und Altersgruppen hinweg resultieren aus dem Markenvertrauen die stärksten Effekte im vorgestellten Modell. An dieser Stelle wird somit deutlich, dass dem Vertrauen eine hohe Bedeutung, auch für unterschiedliche Zielgruppen, beigemessen wird. Es zeigt sich, dass mit wachsender Zielorientierung das Markenvertrauen eine zunehmende Erklärungskraft erfährt.

Durch die gewonnen Erkenntnisse aus der empirischen Untersuchung konnten konkrete Handlungsempfehlungen für die Praxis formuliert werden. Abschließend wurde weiterer Forschungsbedarf, der sich aus der vorliegenden Studie ableiten lässt, aufgezeigt. Dem Rückgang von Vertrauen innerhalb einer Branche sollte langfristig entgegengewirkt werden. Die Hersteller von Markenartikeln sollten hierbei die Vielschichtigkeit und die Besonderheiten des Vertrauens berücksichtigen. Ein etabliertes Markenvertrauen auf Seiten der Verbraucher wirkt sich positiv auf deren Wahrnehmung und Konsumabsichten aus. Eine Orientierung am Kunden sowie Offenheit gegenüber dem Verbraucher sind dafür unerlässlich. Diese Studie hat sich auf die positiven Aspekte durch ein etabliertes Markenvertrauen konzentriert. Welche Auswirkungen ein verspieltes Vertrauen bei den Konsumenten hat, stellt einen interessanten und lohnenswerten Ansatzpunkt für weitere Forschung dar.

Anhang

Indikator für die wahrgenommene Betroffenheit

Indikator
Ich habe das Gefühl, dass ich schon jetzt auf meinen Cholesterinspiegel achten sollte.
In Anlehnung an Schwarzer (2008), S. 10.

Tabelle 41: Indikator für die wahrgenommene Betroffenheit

F-Werte der Clusteranalyse

Indikator	Faktor	Lohas	WantItAll	Indifferente	Figurbewusste
M_1	Gesundheit	0,5803	0,3549	**1,1129**	0,6730
M_2	Gesundheit	0,6556	0,2876	**1,2673**	0,6417
M_3	Gesundheit	0,8057	0,5655	**1,5618**	0,5585
M_4	Stimmung	**1,1421**	0,6516	0,7898	0,7009
M_5	Stimmung	0,9326	0,6205	0,9915	0,7186
M_6	Komfort	0,9585	0,5812	0,9246	0,7410
M_7	Komfort	**1,1256**	0,4595	**1,1596**	0,7364
M_8	sensorische Ansprache	**1,0312**	0,6585	**1,2103**	0,8175
M_9	sensorische Ansprache	**1,0886**	0,6093	**1,3390**	0,7095
M_{10}	Natürliche Zutaten	0,4390	0,3899	**1,0402**	0,6032
M_{11}	Natürliche Zutaten	0,2936	0,2344	**1,1957**	0,6388
M_{12}	Gewichtskontrolle	0,6338	0,4301	0,6261	0,5674
M_{13}	Gewichtskontrolle	0,7379	0,3795	0,6213	0,4528
M_{14}	Gewichtskontrolle	0,7925	0,4328	0,9685	0,5680
M_{15}	Preis	0,8632	0,5787	0,8462	0,8488
M_{16}	Preis	0,9019	0,5345	**1,0256**	0,7831
M_{17}	Vertrautheit	**1,2933**	0,5050	0,7765	0,6264
M_{18}	Vertrautheit	0,6735	0,7264	0,9895	0,7380
M_{19}	ethische Bedenken	0,5195	0,4177	**1,0010**	0,7331
M_{20}	ethische Bedenken	0,5376	0,5571	0,9296	0,5880
Anzahl Probanden		78	104	48	127

Tabelle 42: F-Werte der Clusteranalyse

Gruppenvergleich der Cluster 1 und 4

	Cluster 1 - Lohas		Cluster 3 - Indifferente		Gruppen-vergleich
Hypothese	**Pfadkoeffizient**	**Standardfehler**	**Pfadkoeffizient**	**Standardfehler**	**t-Wert**
H1	0,2930	0,1522	-0,3110	0,5244	1,3434
H2	0,3770	0,1664	0,8780	0,5706	1,0232
H3	0,2860	0,1555	0,3290	0,3275	0,1338
H4	0,6910	0,0919	0,4120	0,1816	1,5275
H5	0,6340	0,0713	0,5850	0,0973	0,4163
H6	0,1530	0,1028	0,3430	0,1633	1,0460
H7	0,5500	0,0828	0,4030	0,0920	1,1583
H8	0,1930	0,1017	0,3020	0,1254	0,6751

Tabelle 43:Gruppenvergleich nach Chin - Cluster 1 und 3

Gruppenvergleich der Cluster 3 und 4

	Cluster 3 - Indifferente		Cluster 4 - Figurbewusste		Gruppen-vergleich
Hypothese	**Pfadkoeffizient**	**Standardfehler**	**Pfadkoeffizient**	**Standardfehler**	**t-Wert**
H1	-0,3110	0,5244	0,0440	0,0991	0,9974
H2	0,8780	0,5706	0,4090	0,1194	1,1840
H3	0,3290	0,3275	0,4360	0,1119	0,3979
H4	0,4120	0,1816	0,5870	0,0683	1,1208
H5	0,5850	0,0973	0,5900	0,0522	0,0485
H6	0,3430	0,1633	0,2240	0,0668	0,8110
H7	0,4030	0,0920	0,3380	0,0705	0,5107
H8	0,3020	0,1254	0,4030	0,0815	0,6622

Tabelle 44: Gruppenvergleich nach Chin - Cluster 3 und 4

Mittelwerte für die globalen und konkreten Ergebniserwartungen

	Gesamt	> 40 Jahre	< 40 Jahre	Cluster 1	Cluster 2	Cluster 3	Cluster 4
Y_1	4,37	4,62	4,25	3,99	5,01	4,02	4,20
Y_2	3,99	4,31	3,84	3,51	4,72	3,60	3,83
Y_3	4,20	4,41	4,11	3,79	4,81	3,90	4,06
Y_4	4,06	4,38	3,92	3,42	4,84	3,77	3,94
Y_5	3,69	4,01	3,53	3,32	4,29	3,29	3,57
X_{62}	3,22	3,72	2,98	2,60	4,04	2,85	3,06

Tabelle 45: Mittelwerte für die globalen und konkreten Ergebniserwartungen

Mittelwerte für Involvement, wahrgenommene Betroffenheit und antizipierte Emotionen

Teilgruppe	Involvement	wahrgenommene Betroffenheit	antizipierte Emotionen	Mittelwert
> 40 Jahre	5,46	4,86	5,50	5,27
< 40 Jahre	5,05	3,13	5,60	4,59
Lohas	5,47	3,64	5,43	4,85
WantItAll	5,99	4,87	6,31	5,72
Indifferente	3,67	2,88	4,54	3,69
Figurbewusste	4,93	3,17	5,45	4,51

Tabelle 46: Mittelwerte für Involvement, wahrgenommene Betroffenheit und antizipierte Emotionen

Literaturverzeichnis

Aaker, David A. (1996): Building Strong Brands, New York.

Achtziger, Anja; Gollwitzer, Peter. M. (2006): Motivation und Volition im Handlungsverlauf, in: Heckhausen, Jutta; Heckhausen, Heinz (Hrsg.): Motivation und Handeln, 3., überarbeitete und aktualisierte Auflage, Heidelberg, S. 277-302.

Actimel (2009): Actimel Zufriedenheitsgarantie, http://actimel.de/, Letzter Abruf: 17.11.2009.

Ajzen, Icek (1988): Attitudes, Personality, and Behavior, Milton Keynes.

Ajzen, Icek (2002): Perceived Behavioral Control, Self-Efficacy, Locus of Control and the Theory of Planned Behavior, in: Journal of Applied Social Psychology, Vol. 32, No. 4, S. 665-683.

Akerlof, George A. (1970): The Market for “Lemons“: Quality Uncertainty and the Market Mechanism, in: The Quarterly Journal of Economics, Vol. 84, No. 3, S. 488-500.

Anderson, Erin; Weitz, Barton (1989): Determinants of Continuity in Conventional Industrial Channel Dyads, in: Marketing Science, Vol. 8, No. 4, S. 310-323.

Anderson, James C.; Narus, James A. (1990): A Model of Distributor Firm and Manufacturer Firm Working Partnerships, in: Journal of Marketing, Vol. 54, No. 1, S. 42-58.

Armitage, Christopher J.; Conner, Mark (1999a): The Theory of Planned Behaviour : Assessment of Predictive Validity and ‘Perceived Control’, in: British Journal of Social Psychology (1999), Vol. 38, No. 1, S. 35-54.

Armitage, Christopher J.; Conner, Mark (1999b): Distinguishing Perceptions of Control From Self-Efficacy: Predicting Consumption of a Low-Fat Diet Using the Theory of Planned Behavior, in: Journal of Applied Social Psychology, Vol. 29, No. 1, S. 72-90.

Austin, James T.; Vancouver, Jeffrey B. (1996): Goal Constructs in Psychology: Structure, Process, and Content, in: Psychological Bulletin, Vol. 120, No. 3, S. 338-375.

Backhaus, Klaus; Erichson, Bernd; Plinke, Wulff; Weiber, Rolf (2008): Multivariate Analysemethoden: eine anwendungsorientierte Einführung, 12., vollständig überarbeitete Auflage, Berlin.

Bagozzi, Richard P.; Dholakia, Utpal (1999): Goal Setting and Goal Striving in Consumer Behavior, in: Journal of Marketing, Vol. 63, Special Issue , No. 4, S. 19-32.

Bagozzi, Richard P.; Edwards, Elizabeth A. (1998): Goal Setting and Goal Pursuit in the Regulation of Body Weight, in: Psychology and Health, Vol. 13, No. 4, S. 593-621.

Bagozzi, Richard P.; Edwards, Elizabeth A. (2000): Goal-striving and the Implementation of Goal Intentions in the Regulation of Body Weight, in: Psychology and Health, Vol. 15, No. 2, S. 255-270.

Bandura, Albert (1977): Self-Efficacy: Toward a Unifying Theory of Behavioral Change, in: Psychological Review, Vol. 84, No. 2, S. 191-215.

Bandura, Albert (1986): Social Foundations of Thought and Action - A Social Cognitive Theory, Englewood Cliffs, New Jersey.

Bandura Albert (1989): Self-Regulations of Motivation and Action Through Internal Standards and Goal Systems, in: Pervin, Lawrence A. (Hrsg.): Goal Concepts in Personality and Social Psychology, Hillsdale, New Jersey, S. 19-86.

Bandura, Albert (1997): Self-Efficacy – the Exercise of Control, New York.

Baumgartner, Hans; Pieters, Rik (2008): Goal-directed Consumer Behavior. Motivation, Volitions, and Affect, in: Haugtvedt, Curtis P.; Herr, Paul M.; Kardes, Frank R. (Hrsg.): Handbook of Consumer Psychology, New York, S. 367-392.

Becel (2009): Europas größter Herzalter-Test ist in Deutschland online: DGPR und WHF unterstützen Aufklärungskampagne, Pressemitteilung vom 26.08.2009.

Bech-Larsen, Tino; Scholderer, Joachim (2007): Functional foods in Europe: consumer research, market experiences and regulatory aspects, in: Trends in Food Science & Technology, Vol. 18, Issue 4, S. 231-234.

Beckmann, Jürgen; Heckhausen, Heinz (2006): Motivation durch Erwartung und Anreiz, in: Heckhausen, Jutta; Heckhausen, Heinz (Hrsg.): Motivation und Handeln, 3., überarbeitete und aktualisierte Auflage, Heidelberg, S.105-142.

Berekoven, Ludwig (1978): Zum Verständnis und Selbstverständnis des Markenwesens, in: Markenartikel heute. Marke, Markt und Marketing, Wiesbaden, S. 35-48.

Berekoven, Ludwig; Eckert, Werner; Ellenrieder, Peter (1999): Marktforschung – methodische Grundlagen und praktische Anwendung, 8., überarbeitete Auflage, Wiesbaden.

Bronner, Rolf; Appel, Wolfgang; Wiemann, Volker (1999): Empirische Personal- und Organisationsforschung: Grundlagen – Methoden – Übungen, München.

Bruhn, Manfred (2001): Relationship Marketing: Das Management von Kundenbeziehungen, München.

Bruhn, Manfred (2004a): Was ist eine Marke? – Aktualisierung der Markendefinition, in: Jahrbuch der Absatz- und Verbrauchsforschung, 50. Jahrgang, Heft 1, S. 5-30.

Bruhn, Manfred (2004b): Begriffsabgrenzungen und Erscheinungsformen von Marken, in: Bruhn, Manfred (Hrsg.): Handbuch Markenführung – Kompendium zum erfolgreichen Markenmanagement – Strategien – Instrumente - Erfahrungen, 2., vollständig überarbeitete und erweiterte Auflage, Band 1, Wiesbaden, S. 3-49.

Burmann, Christoph; Meffert, Heribert; Koers, Martin (2005): Stellenwert und Gegenstand des Markenmanagements, in: Meffert, Heribert; Burmann, Christoph; Koers, Martin (Hrsg.): Markenmanagement: Identitätsorientierte Markenführung und praktische Umsetzung – Mit Best Practice-Fallstudien, 2., vollständig überarbeitete und erweiterte Auflage, Wiesbaden, S. 3-17.

Celsi, Richard L.; Olson, Jerry C. (1988): The Role of Involvement in Attention and Comprehension Processes, in: Journal of Consumer Research, Vol. 15, No. 2, S. 210-224.

Chambers, Stephanie; Lobb, Alexandra; Butler, Laurie T.; Traill, Bruce W. (2008): The Influence of Age and Gender on Food Choice: a Focus Group Exploration, in: International Journal of Consumer Studies, Vol. 32, No. 4, S. 356-365.

Chaudhuri, Arjun; Holbrook, Morris B. (2001): The Chain Effects from Brand Trust and Brand Affect to Brand Performance: The Role of Brand Loyalty, in: Journal of Marketing, Vol. 65, No. 2, S. 81-93.

Chin, Wynne W. (2000): Frequently Asked Questions Partial Least Squares & PLS-Graph, http://disc-nt.cba.uh.edu/chin/plsfaq/plsfaq.htm, Letzter Abruf 17.11.2009.

Darby, Michael R.; Karni, Edi (1973): Free Competition and the Optimal Amount of Fraud, in: Journal of Law and Economics, Vol. 16, No. 1, S. 67-88.

Datamonitor (2008): Feature Analysis - Healthy Growth in Functional Food Market Despite Drop in Consumer Trust, in: Food MarketWatch, Vol. 7, Issue 4, S. 10-10.

Delgado-Ballester, Elena; Munuera-Aléman, José L. (2001): Brand Trust in the Context of Consumer Loyalty, European Journal of Marketing, Vol. 35, No. 11/12, S. 1238-1258.

Deutsch, Morton (1962): Cooperation and Trust: Some Theoretical Notes, in: Nebraska Symposium on Motivation, No. 10, S. 275-320.

Diehl, Jörg M. (1999): Motivation zur gesunden Ernährung, in: Stockmeyer Stiftung für Lebensmittelforschung (Hrsg.): Workshop Moderne Ernährung – Lifestyle, Werkstattbericht 5, S. 4-20.

Dodds, William B.; Monroe, Kent B.; Grewal, Dhruv (1991): Effects of Price, Brand, and Store Information on Buyers' Product Evaluations, in: Journal of Marketing Research, Vol. 28, No. 3, S. 307-319.

Doney, Patricia M.; Cannon, Joseph P. (1997): An Examination of the Nature of Trust in Buyer-Seller Relationships, in: Journal of Marketing, Vol. 61, No. 2, S. 35-51.

Dustmann, Heiko (2006): Markterfolg mit Functional Food: Der schmale Grat auf dem Weg zum Top-Produkt, Frankfurt.

Dwyer, Robert F.; Schurr, Paul H.; Oh, Sejo (1987): Developing Buyer-Seller Relationships, in: Journal of Marketing, Vol. 51, No. 2, S. 11-27.

Erlei, Mathias; Leschke, Martin; Sauerland, Dirk (2007): Neue Institutionenökonomik, 2. Auflage, Stuttgart.

Esch, Franz-Rudolf (2008): Strategie und Technik der Markenführung, 5., vollständig überarbeitete und erweiterte Auflage, München.

Esch, Franz-Rudolf; Rutenberg, Jan (2006): Komplexitätsreduktion durch Vertrauen – kognitive Entlastung für Konsumenten, in: Bauer, Hans H.; Neumann, Marcus M.; Schüle, Anja: Konsumentenvertrauen – Konzepte und Anwendungen für ein nachhaltiges Kundenbindungsmanagement, München, S. 193-205.

Esch, Franz-Rudolf; Wicke, Andreas; Rempel, Jan E. (2005): Herausforderungen und Aufgaben des Markenmanagements, in: Esch, Franz-Rudolf (Hrsg.): Moderne Markenführung – Grundlagen – Innovative Ansätze – Praktische Umsetzungen, 4., vollständig überarbeitete und erweiterte Auflage, Wiesbaden, S. 3-55.

Fassot, Georg; Eggert, Andreas (2005): Zur Verwendung formativer und reflektiver Indikatoren in Strukturgleichungsmodellen: Bestandsaufnahme und Anwendungsempfehlungen, in: Bliemel, Friedhelm; Eggert, Andreas; Fassott, Georg; Henseler, Jörg (Hrsg): Handbuch PLS-Pfadmodellierung – Methode, Anwendung, Praxisbeispiele, Stuttgart, S. 31-47.

Fornell, Claes; Larcker, David F. (1981): Evaluating Structural Equation Models with Unobservable Variables and Measurement Error, in: Journal of Marketing Research, Vol. 18, No. 1, S. 39-50.

Fournier, Susan (1998): Consumers and Their Brands: Developing Relationship Theory in Consumer Research, in: Journal of Consumer Research, Vol. 24, No. 4, S. 343-373.

Frank, Robert H.; Bernanke, Ben (2007): Principles of Micro-economics, 3rd edition, Boston.

Fuchs, Christoph; Diamantopoulos, Adamantios (2009): Using Single-Item Measures for Construct Measurement in Management Research, Die Betriebswirtschaft, Jahrgang 69, Heft 2, S. 195-210.

Ganesan, Shankar (1994): Determinants of Long-Term Orientation in Buyer-Seller Relationships, in: Journal of Marketing, Vol. 58, No. 2, S. 1-19.

Gehrer, Michael (2005): Erster Eindruck und Vertrauen im Kaufentscheidungsprozess : eine empirische Analyse, Lohmar.

Gollwitzer, Peter M. (1996): The Volitional Benefits of Planning, in: Gollwitzer, Peter M.; Bargh, John A. (Hrsg.): The Psychology of Action: Linking Cognition and Motivation to Behavior, New York, S. 287-312.

Götz, Oliver; Liehr-Gobbers, Kerstin (2004): Analyse von Strukturgleichungsmodellen mit Hilfe der Partial-Least-Squares (PLS)-Methode, in: Die Betriebswirtschaft, Jahrgang 64, Heft 6, S. 714-738.

Greschuchna, Larissa (2006): Vertrauen in der Unternehmensberatung - Einflussfaktoren und Konsequenzen, Wiesbaden.

Gurviez, Patricia; Korchia, Michael (2002): Proposition d´une échelle de mesure multidimensionelle de la confiance dans la marque, in: Recherche et Applications en Marketing, Vol. 17, No. 3, S. 1-21.

Herrman, Andreas; Huber, Frank; Braunstein, Christine (2005): Gestaltung der Markenpersönlichkeit mittels der „means-end"-Theorie, in: Esch, Franz-Rudolf (Hrsg.): Moderne Markenführung – Grundlagen – Innovative Ansätze – Praktische Umsetzungen, 4., vollständig überarbeitete und erweiterte Auflage, Wiesbaden, S. 177-207.

Herrmann, Andreas; Huber, Frank; Kressmann, Frank (2006): Varianz- und kovarianzbasierte Strukturgleichungsmodelle – Ein Leitfaden zu deren Spezifikation, Schätzung und Beurteilung, in: Zeitschrift für betriebswirtschaftliche Forschung, Jahrgang 58, Nr. 2, S. 34-66.

Homburg, Christian (1992): Die Kausalanalyse – Eine Einführung, in: Wirtschaftswissenschaftliches Studium, Jahrgang 21, Heft 10, S. 499-508.

Homburg, Christian; Giering, Annette (1998): Konzeptualisierung und Operationalisierung komplexer Konstrukte – Ein Leitfaden für die Marketingforschung, in: Hildebrandt, Lutz; Homburg, Christian (Hrsg.): Die Kausalanalyse – Instrumente der empirischen betriebswirtschaftlichen Forschung, Stuttgart, S. 111-146.

Homburg, Christian; Koschate, Nicole; Becker, Annette (2005): Messung von Markenzufriedenheit und Markenloyalität, in Esch, Franz-Rudolf (Hrsg.): Moderne Markenführung – Grundlagen – Innovative Ansätze – Praktische Umsetzungen, 4., vollständig überarbeitete und erweiterte Auflage, Wiesbaden, S.1393-1408.

Homburg, Christian; Krohmer, Harley (2006): Marketingmanagement: Strategie - Instrumente – Umsetzung – Unternehmensführung, 2., überarbeitete und erweiterte Auflage, Wiesbaden.

Homburg, Christian; Pflesser, Christian; Klarmann, Martin (2008): Strukturgleichungsmodelle mit latenten Variablen: Kausalanalyse, in: Herrmann, Andreas; Homburg, Christian; Klarmann, Martin (Hrsg.): Handbuch Marktforschung: Methoden – Anwendung – Praxisbeispiele, 3., vollständig überarbeitete und erweiterte Auflage, Wiesbaden, S. 547-576.

Huber, Frank; Herrmann, Andreas; Meyer, Frederik; Vogel, Johannes; Vollhardt, Kai (2007): Kausalmodellierung mit Partial Least Squares. Eine anwendungsorientierte Einführung, Wiesbaden.

Huber, Frank; Meyer, Frederik (2008): Der Fußballstar als Marke – Determinanten der Markenbildung am Beispiel von Lukas Podolski, Wiesbaden.

Huber, Frank; Regier, Stefanie; Vollhardt, Kai (2006): Determinanten des Markenvertrauens und dessen Einfluss auf die Markenloyalität – eine kausalanalytische Studie, in: Bauer, Hans H.; Neumann, Marcus M.; Schüle, Anja (Hrsg.): Konsumentenvertrauen – Konzepte und Anwendungen für ein nachhaltiges Kundenbindungsmanagement, München, S. 235-247.

Hulland, John (1999): Use of Partial Least Squares (PLS) in Strategic Management Research: A Review of Four Recent Studies, in: Strategic Management Journal, Vol. 20, No. 2, S. 195-204.

Janssen, Jürgen; Laatz, Wilfried (2007): Statistische Datenanalyse mit SPSS für Windows: eine anwendungsorientierte Einführung in das Basissystem und das Modul exakte Tests - mit 193 Tabellen, 6., neu bearbeitete und erweiterte Auflage, Berlin.

Jarvis, Cheryl B.; MacKenzie, Scott B.; Podsakoff, Philip M. (2003): A Critical Review of Construct Indicators and Measurement Model Misspecification in Marketing and Consumer Research, in: Journal of Consumer Research, Vol. 30, No. 2, S. 199-218.

Jayanti, Rama K.; Burns, Alvin C. (1998): The Antecedents of Preventive Health Care Behavior: An Empirical Study, in: Journal of the Academy of Marketing Science, Vol. 26, No. 1, S. 6-15.

Johnson, Devon S.; Grayson, Kent (2000): Sources and Dimensions of Trust in Service Relationships, in: Swartz, Teresa A.; Iacobucci, Dawn (Hrsg.): Handbook of Services Marketing and Management, Thousand Oaks, California, S. 357-370.

Johnson, Devon; Grayson, Kent (2005): Cognitive and Affective Trust in Service Relationships, in: Journal of Business Research, Vol. 58, No. 4, S. 500-507.

Kaas, Klaus P. (1990): Marketing als Bewältigung von Informations- und Unsicherheitsproblemen im Markt, in: Die Betriebswirtschaft, 50. Jahrgang, 1990, S. 539-548.

Kaas, Klaus P. (1995): Marketing zwischen Markt und Hierarchie, in: Kaas Klaus P. (Hrsg.): Kontrakte, Geschäftsbeziehungen, Netzwerke – Marketing und Neue Institutionenökonomik, Schmalenbachs Zeitschrift für betriebswirtschaftliche Forschung, Sonderheft 35, 1995, S.19-42.

Kapferer, Jean-Noel (1992): Die Marke – Kapital des Unternehmens, Landsberg/Lech.

Kenning, Peter; Blut, Markus (2006): Vertrauen: Ein Objekt des Marketingmanagements?!, in: Bauer, Hans H.; Neumann, Marcus M.; Schüle, Anja (Hrsg.): Konsumentenvertrauen – Konzepte und Anwendungen für ein nachhaltiges Kundenbindungsmanagement, München, S. 3-15.

Kleinbeck, Uwe (2006): Handlungsziele, in: Heckhausen, Jutta; Heckhausen, Heinz (Hrsg.): Motivation und Handeln, 3., überarbeitete und aktualisierte Auflage, Heidelberg, S. 255-276.

Kotler, Philip; Keller, Kevin L. (2009): Marketing Management, 13. ed., internat. ed., Upper Saddle River, New Jersey.

Kotler, Philip; Keller, Kevin L.; Bliemel, Friedhelm (2007): Marketing-Management: Strategien für wertschaffendes Handeln, 12., aktualisierte Auflage, München.

Krampen, Günter; Hank, Petra (2004): Biographische Rekonstruktion seelischer Gesundheit und psychischer Störungen anhand der Vertrauens-Trias. Stand der Forschung, theoretische Konzeptualisierung und empirische Fragestellungen, in: Trierer Psychologische Berichte, Band 31, Heft 1.

Kroeber-Riel, Werner; Weinberg, Peter (2003): Konsumentenverhalten, 8., aktualisierte und ergänzte Auflage, München.

Lau, Geok Theng; Lee, Sook Han (1999): Consumers` Trust in a Brand and the Link to Brand Loyalty, in: Journal of Market-Focused Management, Vol. 4, No. 4, S. 341-370.

Lindenberg, Johann C. (2004): Markenführung im Ernährungsmarkt – am Beispiel Unilever, in: Bruhn, Manfred (Hrsg.): Handbuch Markenführung – Kompendium zum erfolgreichen Markenmanagement – Strategien – Instrumente – Erfahrungen, 2., vollständig überarbeitete und erweiterte Auflage, Band 3, S. 1971-1986.

Locke, Edwin A.; Latham, Gary P. (2002): Building a Practically Useful Theory of Goal Setting and Task Motivation: A 35-year odyssey, in: Amercian Psychologist, Vol. 57, No. 9, S. 705-717.

Lohas.de (2009), http://www.lohas.de/, Letzter Abruf: 07.11.2009.

Luhmann, Niklas (2000): Vertrauen – Ein Mechanismus der Reduktion sozialer Komplexität, 4. Auflage, Stuttgart.

Matthes, Isabel (2009): Soziales Engagement von Unternehmen: Wirkungsprozesse, Erfolgsdeterminanten und Konsequenzen für den Markenwert, Wiesbaden.

Mayer, Roger C.; Davis, James H.; Schoorman, David F. (1995): An Integrative Model of Organizational Trust, in: Academy of Management Review, Vol. 20, No. 3, S. 709-734.

Meffert, Heribert; Bruhn, Manfred (2009): Dienstleistungsmarketing – Grundlagen – Konzepte – Methoden, 6. Auflage, Wiesbaden.

Meffert, Heribert; Burmann, Christoph (2005): Wandel in der Markenführung – vom instrumentellen zum identitätsorientierten Markenverständnis, in: Meffert, Heribert; Burmann, Christoph; Koers, Martin (Hrsg.): Markenmanagement: Identitätsorientierte Markenführung und praktische Umsetzung – Mit Best Practice-Fallstudien, 2., vollständig überarbeitete und erweiterte Auflage, Wiesbaden, S. 19-36.

Meffert, Heribert; Burmann, Christoph; Kirchgeorg, Manfred (2008): Marketing: Grundlagen marktorientierter Unternehmensführung: Konzepte - Instrumente - Praxisbeispiele, 10., vollständig überarbeitete und erweiterte Auflage, Wiesbaden.

Mellerowicz, Konrad (1963): Markenartikel - die ökonomischen Gesetze ihrer Preisbildung und Preisbindung, 2. Auflage, München.

Moorman, Christine; Deshpandé, Rohit; Zaltman, Gerald (1993): Factors Affecting Trust in Market Research Relationships, in: Journal of Marketing, Vol. 57, No. 1, S. 81-101.

Moorman, Christine; Zaltman, Gerald; Deshpandé, Rohit (1992): Relationships between Providers and Users of Market Research: The Dynamics of Trust within and between Organizations, in: Journal of Marketing Research, Vol. 29, No. 3, S. 314-328.

Morgan, Robert M.; Hunt, Shelby D. (1994): The Commitment-Trust Theory of Relationship Marketing, in: Journal of Marketing, Vol. 58, No. 3, S. 20-38.

Nelson, Phillip (1970): Information and Consumer Behavior, in: Journal of Political Economy, Vol. 78, No.2, S. 311-329.

Nestlé Deutschland (2009): Nestlé Studie 2009 – Ernährung in Deutschland 2008 – Kurzfassung, S. 1-23.

Niva, Mari; Mäkelä, Johanna (2005): Finns and Functional Foods: Socio-Demographics, Health Efforts, Notions of Technology and the Acceptability of Health-Promoting Foods, in: International Journal of Consumer Studies, Vol. 31, No. 1, S. 34-45.

Pavlou, Paul A.; Chai, Lin (2002): What Drives Electronic Commerce Across Cultures? A Cross-cultural Empirical Investigation of the Theory of Planned Behavior; in: Journal of Electronic Commerce Research, Vol. 3, No. 4, S. 240-253.

Perugini, Marco; Bagozzi, Richard P. (2001): The Role of Desires and Anticipated Emotions in Goal-Directed Behaviours: Broadening and Deepening the Theory of Planned Behaviour, in: British Journal of Social Psychology, Vol. 40, No. 1, S. 79-98.

Pervin, Lawrence A. (1989): Goal Concepts: Themes, Issues, and Questions, in: Pervin, Lawrence A. (Hrsg.): Goal Concepts in Personality and Social Psychology, Hillsdale, New Jersey, S. 473-479.

Pervin, Lawrence A.; Cervone, Daniel; John, Oliver P. (2005): Persönlichkeitstheorien, 5., vollständig überarbeitete und erweiterte Auflage, mit 33 Tabellen, München.

Peter, Paul J. (1979): Reliability: A Review of Psychometric Basics and Recent Marketing Practices, in: Journal of Marketing Research, Vol. 16, No. 1, S. 6-17.

Petermann, Franz (1996): Psychologie des Vertrauens, 3., korrigierte Auflage, Göttingen.

Petermann, Franz; Winkel, Sandra (2006): Interpersonelles Vertrauen – Grundlagen, Messung, empirische Befunde, in: Bauer, Hans H.; Neumann, Marcus M.; Schüle, Anja (Hrsg.): Konsumentenvertrauen – Konzepte und Anwendungen für ein nachhaltiges Kundenbindungsmanagement, München, S. 77-91.

Pieters, Rik; Baumgartner, Hans; Allen, Doug (1995): A Means-end Chain Approach to Consumer Goal Structures, in: International Journal of Research in Marketing, Vol. 12, No. 3, S. 227-244.

Plötner, Olaf (1995): Das Vertrauen des Kunden: Relevanz, Aufbau und Steuerung auf industriellen Märkten, Wiesbaden.

Poppe, Christian; Kjaernes, Unni (2003): Trust in Food in Europe – A Comparative Analysis, National Institute for Consumer Research (Hrsg.), Professional Report No. 5.

Pringle, Hamish; Gordon, William (2002): Marken-Etikette - Die markenorientierte Servicekultur leben, Weinheim.

Richter, Rudolf; Furubotn, Eirik G. (1999): Neue Institutionenökonomik: eine Einführung und kritische Würdigung, 2., durchgesehene und ergänzte Auflage, Tübingen.

Rotter, Julian B. (1967): A New Scale for the Measurement of Interpersonal Trust, in: Journal of Personality, Vol. 35, No. 4, S. 651-665.

Rotter, Julian B.; Hochreich, Dorothy J. (1979): Persönlichkeit – Theorien, Messung, Forschung, Berlin.

Sattler, Henrik (2001): Markenpolitik, Stuttgart.

Scholz, Urte; Schwarzer, Ralf (2005): Modelle der Gesundheitsverhaltensänderung, in: Schwarzer, Ralf (Hrsg.): Gesundheitspsychologie, Themenbereich C, Theorie und Forschung, Serie X, Gesundheitspsychologie, Band 1, S. 389-405.

Schwarzer, Ralf (2008): Modeling Health Behavior Change: How to Predict and Modify the Adoption and Maintenance of Health Behaviors, in: Applied Psychology: an International Review, Vol. 57, No. 57, S. 1-29.

Schweiger, Günter; Schrattenecker, Gertraud (2001): Werbung – Eine Einführung, 5., neu bearbeitete Auflage, Stuttgart.

Selnes, Fred (1998): Antecedents and Consequences of Trust and Satisfaction in Buyer-Seller Relationships, in: European Journal of Marketing, Vol. 32, No. 3/4, S. 305-322.

Sheeska, Judy D.; Woolcott, Donna M. (1993): Social Cognitive Theory as a Framework to Explain Intentions to Practice Healthy Eating Behaviors, in: Journal of Applied Social Psychology, Vol. 23, No. 19, S. 1547-1573.

Solomon, Michael R. (2009): Consumer Behavior: Buying, Having, Being, New Jersey.

Statistisches Bundesamt Deutschland (2009): Im Jahr 2060 wird jeder Siebente 80 Jahre oder älter sein, Pressemitteilung Nr.435 vom 18.11.2009.

Steptoe, Andrew; Pollard, Tessa M.; Wardle, Jane (1995): Development of a Measure of the Motives Underlying the Selection of Food: the Food Choice Questionnaire, in: Appetite; Vol. 25, Issue 3, S. 267-284.

Stiglitz, Joseph E.; Walsh, Carl E. (2006): Principles of Microeconomics, 4th edition, New York.

Trommsdorff, Volker (2009): Konsumentenverhalten, 7., vollständig überarbeitete und erweiterte Auflage, Stuttgart.

Unilever (2009): Herzgesund und cholesterinbewusst essen und genießen – mit der Vielfalt von Becel Produkten ist das ganz einfach! http://unilever.de/ourbrands/foods/becel.asp, Letzter Abruf: 26.08.2009.

Varian, Hal R. (2006): Intermediate Microeconomics: A Modern Approach, 7th edition, New York.

Vollhardt, Kai (2007): Management von Markenportfolios: Gestaltung und Erfolgsauswirkungen aus Unternehmersicht, Wiesbaden.

Weiber, Rolf; Adler, Jost (1995): Informationsökonomisch begründete Typologisierung von Kaufprozessen, in: Schmalenbachs Zeitschrift für betriebswirtschaftliche Forschung, 47. Jahrgang, S. 43-65.

Wu, Ing-Long; Chen, Jian-Liang (2005): An Extension of Trust and TAM Model with TPB in the Initial Adoption of on-line Tax: An Empirical Study, in: International Journal of Human-Computer Studies, Vol. 62, No. 6, S. 784–808.

Wünschmann, Stefan; Müller, Stefan (2006): Markenvertrauen: Ein Erfolgsfaktor des Markenmanagements, in: Bauer, Hans H.; Neumann, Marcus M.; Schüle, Anja (Hrsg.): Konsumentenvertrauen – Konzepte und Anwendungen für ein nachhaltiges Kundenbindungsmanagement, München, S. 221-234.

Zaichkowsky, Lynne J. (1985): Measuring the Involvement Construct, in: Journal of Consumer Research, Vol. 12, No. 3, S. 341-352.

Zucker, Lynne G. (1986): Production of Trust: Institutional Sources of Economic Structure, 1840-1929, in: Research in Organizational Behavior, Vol. 8, S. 53-111.